Jens Müller

Menschenführung in Feuerwehr und Rettungsdienst

Ein persönliches Arbeitsbuch

2. Auflage

Verlag W. Kohlhammer

Dieses Werk einschließlich aller seiner Teile ist urheberrechtlich geschützt. Jede Verwendung außerhalb der engen Grenzen des Urheberrechts ist ohne Zustimmung des Verlags unzulässig und strafbar. Das gilt insbesondere für Vervielfältigungen, Übersetzungen, Mikroverfilmungen und für die Einspeicherung und Verarbeitung in elektronischen Systemen.

Die Wiedergabe von Warenbezeichnungen, Handelsnamen und sonstigen Kennzeichen in diesem Buch berechtigt nicht zu der Annahme, dass diese von jedermann frei benutzt werden dürfen. Vielmehr kann es sich auch dann um eingetragene Warenzeichen oder sonstige geschützte Kennzeichen handeln, wenn sie nicht eigens als solche gekennzeichnet sind.

Die Abbildungen stammen – soweit nicht anders angegeben – vom Autor.

2. Auflage 2021

Alle Rechte vorbehalten
© 2019/2021 W. Kohlhammer GmbH, Stuttgart
Umschlagsbild: Martin Schäfer, BF Leipzig, FF Großkorbetha
Gesamtherstellung: W. Kohlhammer GmbH, Stuttgart

Print:
ISBN 978-3-17-40520-2

E-Book-Formate:
pdf: ISBN 978-3-17-40522-6
epub: ISBN 978-3-17-40523-3

Für den Inhalt abgedruckter oder verlinkter Websites ist ausschließlich der jeweilige Betreiber verantwortlich. Die W. Kohlhammer GmbH hat keinen Einfluss auf die verknüpften Seiten und übernimmt hierfür keinerlei Haftung.

Kohlhammer

Vorwort

Das theoretische Ziel, das Führungskräfte in Feuerwehr und Rettungsdienst im Einsatz vor Augen haben, ist »vor die Lage zu kommen«. Wie gut dieses Ziel in der Praxis erreicht wird, hängt stark davon ab, welche Kompetenz durch die zuständige Leitung tatsächlich aufgeboten wird. Lagebewältigung verlangt also weit mehr als materielle, technische oder personelle Ressourcen, sie verlangt nach Performanz der Handlungskompetenz.

Eine der hoffnungsvollsten Doktorandinnen an meinem Lehrstuhl definierte einmal Kompetenz knapp und dennoch treffend, als Summe der persönlichen Fähigkeiten und Fertigkeiten einer Führungskraft. Dementsprechend beinhaltet der Kompetenzbegriff nicht nur Wissen, sondern auch Erfahrungen in dessen Anwendung sowie das Vermögen, das gesamte Potential persönlicher Handlungskompetenz in aufkommenden Situationen möglichst optimal abzurufen und zur Führung der jeweiligen Bewältigungsmaßnahmen einzusetzen.

Handlungskompetenz wird oft als Gesamtheit aus Fachkompetenz, Methodenkompetenz, Persönlichkeitskompetenz und Sozialkompetenz veranschaulicht. Neben der insbesondere den Feuerwehren, aber auch anderen Behörden und Organisationen mit Sicherheitsaufgaben meist unzweifelhaft zugestandenen Fachkompetenz, eröffnen sich demnach drei weitere Kompetenzfelder, die den Erfolg bei der Erfüllung konkreter Einsatzaufträge mitbestimmen. Und dennoch werden diese, wenn überhaupt, viel zu oft als sekundäre, tertiäre oder ultimäre Kompetenzen betrachtet. Dadurch bleiben allfällige Chancen häufig ungenutzt.

Die Initiative von Jens Müller, ein Buch zu schreiben, um Führungskräften diese Chancen zu erschließen, hat mich vom ersten Augenblick an begeistert. Sein Buch »Menschenführung in Feuerwehr und Rettungsdienst« kann Führungskräfte dabei unterstützen, ihre Performanz weiter zu verbessern. Zu diesem Zweck hat es der Autor als Arbeitsbuch angelegt, mit dem jede Führungskraft zusätzlich zu ihrer Fachkompetenz und nach den persönlichen Bedürfnissen, weitere Kompetenzen erwerben und entwickeln kann.

Dr.-Ing. Uli Barth, im August 2018
Universitätsprofessor und Fachberater
der Feuerwehren Dortmund und Wuppertal

Inhaltsverzeichnis

Vorwort 5

Was dieses Buch für Sie tut 9

Anleitung zu Ihrem persönlichen Führungstraining 11

Zum Aufwärmen – ein kleiner Selbsttest 12

1 Grundlagen und Grundsätze 15
- 1.1 Die Zeiten ändern sich – Führungsarbeit im Wandel der Zeiten . 15
- 1.2 Die Grundlage muss stimmen – Ethik, Moral, Werte 21
- 1.3 Hab Acht auf dich selbst – Selbstführung 25
- 1.4 Die 80-20-Regel – Effizienz und Effektivität 29
- 1.5 Das Peter-Prinzip – Spielregeln in Hierarchien 34
- 1.6 Der schmierige Weg nach oben – Karriere um jeden Preis? 40

2 Qualitäten und Qualifikationen 44
- 2.1 Musst du ein Schwein sein? – charakterliche Anforderungen ... 44
- 2.2 Erziehung ist sinnlos – Vorbilder und Nachahmer 48
- 2.3 Mist gebaut, und dann? – Umgang mit Fehlern 53
- 2.4 Menschen in Schubladen – Menschenkenntnis, Typenlehren ... 57
- 2.5 Fit werden und fit bleiben – fachliche Anforderungen 62

3 Instrumente und Methoden 66
- 3.1 Warum tu ich mir das an? – Inspiration und Motivation 66
- 3.2 Nicht geschimpft, genug gelobt? – Umgang mit Lob und Tadel . 71
- 3.3 Alles liegt auf meinem Tisch – Delegieren als Überlebensfrage .. 76
- 3.4 Helfen Sie uns aussteigen, wir helfen Ihnen löschen – langfristige Personalentwicklung 80
- 3.5 Orden, Titel und Befrackung – Auszeichnung und Beförderung . 84
- 3.6 Wozu die Gefahrenmatrix? – Sinn und Unsinn von Führungsmodellen 88

Inhaltsverzeichnis

4 Information und Kommunikation **93**
    4.1 Verein, Firma oder Feuerwehr – Selbstverständnis und Außenwirkung 93
    4.2 Flurfunk und Kaffeeklatsch – interne Öffentlichkeitsarbeit 99
    4.3 Wer sind wir eigentlich? – Sinn und Unsinn von Leitbildern 102
    4.4 Das Grauen hat einen Namen – Reden schreiben und halten ... 106
    4.5 Der heimliche Gang zum Spind – Alkoholprobleme 111
    4.6 Der Praktiker schlägt zurück – Kampf dem Verwaltungswahnsinn 115

5 Außenseiter und Sonderfälle **123**
    5.1 Dummschwätzer und Quertreiber – Umgang mit Problemfällen 123
    5.2 Das haben wir schon immer so gemacht – Generationenkonflikte 128
    5.3 Dreckige Witze und tolle Kalender – Geschlechterkonflikte 132
    5.4 Die Welt geht unter! – Führen unter Extrembedingungen 137
    5.5 Eingesetzt und ausgebrannt – Vermeidung von Burnout 142

6 Die Latte liegt hoch – Schlusswort **146**

Literatur- und Quellenverzeichnis **147**

Stichwortverzeichnis **149**

Was dieses Buch für Sie tut

Nicht alles, was gedruckt und gebunden wird, ist ein Buch [...]. Wir lernen nicht viel aus gelehrten Büchern, wohl aber aus wahren, aufrichtigen, menschlichen Büchern, aus offenen und ehrlichen Lebensbeschreibungen.
Henry David Thoreau

Liebe Leserin, lieber Leser,
Sie sind bereits Führungskraft, oder wollen/sollen eine werden? Was darf ich Ihnen dazu aussprechen – meinen Glückwunsch oder mein Beileid?

Ich selbst war viele Jahre in Ihrer Lage und schule seit Jahren Führungskräfte der Feuerwehr, des Rettungsdienstes und auch der Polizei. Und immer wieder kommt mir der Spruch in den Sinn: »Wenn du Führungskraft hast, danke Gott; wenn du Führungskraft bist, gnade dir Gott.«

Bei meiner Arbeit erschrecken mich regelmäßig drei Dinge:
1. Wie viele Führungskräfte im Ehrenamt ohne eigenes Wollen in diese Rolle gedrängt werden (»Die haben einen Dummen gesucht«);
2. Wie viele Führungskräfte im Hauptamt dazu eigentlich nicht berufen oder geeignet sind (»Ich hab mich halt beworben«);
3. Wie stabil unsere Persönlichkeiten sind und wie langsam wir lernen.

Aus diesen Gründen sind es ganz oft die falschen Adressaten, die in meinen Schulungen und meinem Unterricht sitzen. Diejenige, die eine Fortbildung zum Thema Menschenführung bitter nötig hätten, entziehen sich gekonnt der eigenen Hinterfragung. Bei den unteren Funktionen und Dienstgraden bleibt dann häufig das resignierte Urteil: »Der Unterricht war gut, aber das müsste mein Vorgesetzter mal hören!«

Es hilft nun nichts: Sie haben dieses Buch gekauft und wir müssen uns mit dem Thema auseinandersetzen. Unsere Kameraden, Kollegen haben es verdient. Wir alle wissen intuitiv, dass gute Führung unglaublich viel gewinnen kann. Ich selbst bin wegen eines guten Vorbilds als Kind zur Freiwilligen Feuerwehr gekommen. Umgekehrt kann miserable Führung demotivieren und viel Engagement zerstören. Es lässt sich der Schaden nicht beziffern, den schlechte Führungskräfte in Feuerwehr und Rettungsdienst täglich anrichten. Es läuft also auf die Frage hinaus: »Was sind Sie selbst und Sie allein bereit zu investieren? Welchen Preis wollen und können Sie bezahlen? Hand aufs Herz: Sind Sie bereit, mehr in diese Welt hineinzugeben (an Zeit und Kraft) als Sie herausbekommen (an Geld und Anerkennung)?«

Was dieses Buch für Sie tut

Sie haben sich für ein Arbeitsbuch entschieden. Damit kostet es Sie täglich fünfzehn bis dreißig Minuten Beschäftigung über einen Zeitraum Ihrer Wahl. Die Reihenfolge, in der Sie das Buch konsumieren, ist natürlich Ihnen überlassen. Es hängt vor allem davon ab, ob Sie Hauptamtlicher oder Ehrenamtler sind und wie stark Sie in Ihrem Beruf oder Ehrenamt beansprucht werden. Wenn Sie schnell sein wollen, können Sie das Buch in einem Monat durchnehmen und sich jeden Tag eine Einheit vornehmen. Klüger wäre es allerdings, sich nicht unter Druck setzen. Wichtige Dinge werden nie »mal eben schnell« erledigt. Deshalb können Sie auch jede Woche eine Lektion bearbeiten, vielleicht bevor Sie in Ihrer Feuerwehr oder Hilfsorganisation zum Dienst gehen. Dann kann ich ihnen garantieren: Wenn Sie das Ganze ernsthaft betreiben, wird Ihr Führungsstil nach dieser Zeit nicht mehr derselbe sein. Sie werden neue Erfahrungen machen und ins Staunen kommen.

Ein paar praktische Tipps zum Schluss: Lassen Sie sich von der Materialfülle nicht entmutigen und gehen Sie Schritt für Schritt vor. Man überschätzt in der Regel das, was man in einer Woche schaffen kann und unterschätzt, was man in einem Jahr erledigt. Wenn Sie möchten, teilen Sie Ihre Erkenntnisse und Erlebnisse aus diesem Buch mit Ihrem (Ehe-)Partner. Lassen Sie befreundete Kollegen und Kameraden teilhaben – oder auch mich. Ich erwarte nicht, dass Sie mit allem einverstanden sind. Schreiben Sie mir also eine E-Mail an menschenfuehrung@gmx.de. Keine Anstandsfloskel: Ich lege großen Wert auf Ihre Meinung, Ihre Anregung, Ihre Kritik.

Beim Lesen und Nachdenken werden Sie merken, dass dieses Buch mit Herzblut geschrieben ist. Ich habe selbst an den Themen meine Freude gehabt und auch daran gelitten. Und immer noch freue ich mich ab und zu, mit Ihnen den besten Beruf und das interessanteste Ehrenamt der Welt zu teilen und wünsche Ihnen maximale Erfolge!

Jens Müller

Hinweis:
Im Buch wird im Sinne der Lesbarkeit teilweise die männliche Form der handelnden Personen genannt. Das Buch richtet sich aber gleichermaßen an alle Angehörigen der Feuerwehr und des Rettungsdienstes sowie grundsätzlich an alle interessierten Leserinnen und Leser.

Anleitung zu Ihrem persönlichen Führungstraining

1.1

Einheit

Nummer und Titel der Einheit bzw. Lektion

Das Heft enthält 28 Einheiten bzw. Lektionen, die Sie durcharbeiten können, wie es ihre Zeit erlaubt. Entweder Sie nehmen sich pro Arbeitstag oder -woche eine Lektion vor oder Sie planen dafür einen längeren Zeitraum ein.

Ziel

Zielstellung der Lektion

Hier steht kurz und prägnant das Ziel, das Sie nach dem Durcharbeiten erreicht haben sollten. In den ersten Lektionen sind das eher theoretische Grundlagen in ihrem Verständnis von Führung, nach hinten hin im Buch werden die Ziele praktischer.

Zitat

Hilfreiche Zitate

Die Zitate führen zum Inhalt des Kapitels hin oder fassen das Kapitel zusammen. Lernen Sie die Zitate auswendig oder hängen Sie diese in Ihr Büro. Auf diese Weise haben Sie einen Aufhänger für interessante Gespräche mit Ihren Kollegen bzw. Kameraden.

Geschichte

Erlebte Geschichte

An dieser Stelle steht entweder eine interessante Geschichte oder ein Erlebnis aus dem Alltag des Autors. Obwohl die Begebenheiten real sind, wurden Namen, Orte und Zeiten soweit verfremdet, dass eine Wiedererkennung von Personen ausgeschlossen sein sollte.

Theorie

Theoretische Grundlagen

Dieser Part ist der Kern des Kapitels. Nichts ist praktischer als eine gute Theorie. Sie benötigen die hier beschriebenen Zusammenhänge, um anschließend selbst praktisch tätig werden zu können.

Praxis

Praktische Aufgaben

Jetzt gehen Sie selbst ans Werk. Für diese Aufgabenstellung benötigen Sie zunächst Ruhe und Muße. Es spricht nichts dagegen, sich die Aufgaben bei einem Glas Wein oder Bier vorzunehmen, bevor Sie dann auf die Menschheit losgehen. Am Anfang nicht verzagen; die Aufgaben werden praktischer, je weiter Sie zum Ende des Buches vorstoßen.

Ergänzung

Wichtige Ergänzungen

An dieser Stelle finden Sie wichtige Tipps, die Ihnen helfen können, noch tiefer in die Materie einzudringen.

Literaturtipp

Literaturtipps

Hier finden Sie Hinweise auf weiterführende Literatur zu bestimmten Themenkomplexen.

Zum Aufwärmen – ein kleiner Selbsttest

Die folgenden Fragen sind zur Einstimmung auf die Inhalte dieses Buches gedacht. Blättern Sie nicht nach hinten; Sie werden keine Auflösung finden. Hier geht es nicht um Richtig oder Falsch. Hier geht es um Ihre Meinung.

Ganz am Ende Ihres Trainings können Sie die Seite noch einmal lesen und sehen, ob und wenn ja, wie sich Ihr Verständnis von Führung gewandelt hat. Das erhöht die Wahrscheinlichkeit, dass Sie ein paar »eingefahrene Gleise« verlassen und neue Erkenntnisse über sich selbst und Ihren eigenen Führungsstil erhalten werden.

Sind Sie freiwillig in Ihre derzeitige Führungsposition hineingekommen?	O Ja	O Nein	O Weiß nicht
Führen Sie in jeder Situation (im Dienstalltag und im Einsatz) auf die gleiche Art und Weise?	O Ja	O Nein	O Weiß nicht
Richtet sich Ihr Führungsstil nach den Menschen, die Sie vor sich haben?	O Ja	O Nein	O Weiß nicht
Richtet sich Ihr Führungsstil nach der jeweiligen Situation, in der Sie sind?	O Ja	O Nein	O Weiß nicht
Wird in der Feuerwehr/im Rettungsdienst durch Rechtsquellen/Vorschriften ein bestimmter Führungsstil gefordert?	O Ja	O Nein	O Weiß nicht
Kann man es lernen (z. B. durch Schulungen/Seminare), eine gute Führungskraft zu sein?	O Ja	O Nein	O Weiß nicht
Wird man als Mensch zur Führungskraft geboren?	O Ja	O Nein	O Weiß nicht
Meinen Sie, dass man erwachsene Menschen noch erziehen kann?	O Ja	O Nein	O Weiß nicht
Haben Sie selbst eine konkrete Vorstellung von den speziellen Werten/der Berufsethik in Ihrer Organisation?	O Ja	O Nein	O Weiß nicht
Glauben Sie, dass sich der Wertewandel in unserer Gesellschaft auf die Feuerwehren/den Rettungsdienst auswirkt?	O Ja	O Nein	O Weiß nicht
Muss und kann man als Führungskraft immer geradlinig führen und ehrlich sein?	O Ja	O Nein	O Weiß nicht

Zum Aufwärmen – ein kleiner Selbsttest

Haben Sie eine Vorstellung davon, wie Vertrauen zwischen Führungskraft und Geführten aufgebaut werden kann?	O Ja	O Nein	O Weiß nicht
Sehen Sie einen Zusammenhang zwischen Ihrem Privatleben und Ihrem Führungsverhalten?	O Ja	O Nein	O Weiß nicht
Merken Sie bei sich selbst, wie Ihre Führungsarbeit Sie seelisch und körperlich belastet?	O Ja	O Nein	O Weiß nicht
Fühlen Sie sich manchmal wie in einem Hamsterrad; frisst das »Tagesgeschäft« Sie auf?	O Ja	O Nein	O Weiß nicht
Lassen Sie es zu, dass Ihnen Unterstellte auch einmal offen die Meinung sagen?	O Ja	O Nein	O Weiß nicht
Sind Sie gelegentlich von Ihren Unterstellten enttäuscht und möchten deshalb alles »hinschmeißen«?	O Ja	O Nein	O Weiß nicht
Haben Sie den Eindruck, dass Sie sich selbst als Führungskraft weiterentwickeln?	O Ja	O Nein	O Weiß nicht
Sehen Sie für sich selbst Aufstiegschancen und setzen sich neue Ziele?	O Ja	O Nein	O Weiß nicht
Haben Sie genügend Freiraum, um selbst über Ziele bestimmen zu dürfen?	O Ja	O Nein	O Weiß nicht
Ist Ihnen bewusst, auf welche Art und Weise Sie generell mit eigenen und fremden Fehlern, Versagen und Schuld umgehen?	O Ja	O Nein	O Weiß nicht
Wissen Sie, was Sie wirklich innerlich antreibt; kennen Sie Ihre wirkliche Motivation?	O Ja	O Nein	O Weiß nicht
Arbeiten Ihre Unterstellten in Ihrer Abwesenheit selbständig weiter?	O Ja	O Nein	O Weiß nicht
Haben Sie bei Ihrer Arbeit die Rückendeckung von Ihren Vorgesetzten?	O Ja	O Nein	O Weiß nicht
Bekommen Sie selbst für Ihren Dienst die nötige Anerkennung von Ihren Vorgesetzten?	O Ja	O Nein	O Weiß nicht
Wissen Sie, worüber sich Ihre Kameraden/Kollegen als Auszeichnung wirklich freuen?	O Ja	O Nein	O Weiß nicht
Arbeiten Sie als Führungskraft bewusst mit Lob und Tadel?	O Ja	O Nein	O Weiß nicht

Zum Aufwärmen – ein kleiner Selbsttest

Haben Sie ein gutes Gefühl dabei, wenn Sie einen Teil Ihrer Arbeit abgeben (delegieren)?	O Ja	O Nein	O Weiß nicht
Werden Sie im Urlaub/im Dienstfrei/in Ihrer Freizeit nervös und unruhig, wenn es einmal nichts zu tun gibt?	O Ja	O Nein	O Weiß nicht
Wenden Sie im Einsatz bewusst ein bestimmtes Führungsmodell an?	O Ja	O Nein	O Weiß nicht
Gibt es in Ihrer Feuerwehr Konflikte zwischen den Generationen?	O Ja	O Nein	O Weiß nicht
Gibt es in Ihrer Feuerwehr Konflikte zwischen den Geschlechtern?	O Ja	O Nein	O Weiß nicht
Gibt in Ihrer Feuerwehr Konflikte zwischen Mannschaft und Führung?	O Ja	O Nein	O Weiß nicht
Meinen Sie, dass die Verwaltungsarbeit in den letzten Jahren in Ihrem Bereich zugenommen hat?	O Ja	O Nein	O Weiß nicht
Haben Sie eine Idee oder ein Rezept, was man gegen die zunehmende Verwaltungsarbeit unternehmen kann?	O Ja	O Nein	O Weiß nicht

1 Grundlagen und Grundsätze

1.1 Die Zeiten ändern sich – Führungsarbeit im Wandel der Zeiten

In dieser ersten Einheit geht es v. a. um Ihr eigenes Verständnis von Führung. Es wird vermittelt, dass es dauerhaft gültige Grundsätze gibt, an denen Sie festhalten sollten. Außerdem gibt es zeitlich veränderliche Grundsätze, die Sie getrost »entsorgen« können. In Ihrem Führungsalltag sollten Sie das eine von anderen unterscheiden und in konkreten Situationen entsprechend reagieren können.

Es ist nicht die stärkste Spezies die überlebt, auch nicht die intelligenteste, es ist diejenige, die sich am ehesten dem Wandel anpassen kann.
Charles Darwin

Umstände sollten niemals Grundsätze verändern.
Oscar Wilde

Der Moderator war erstklassig. Als Führungskräfte-Trainer hatte er ausreichend Erfahrung und weil er nicht aus der Feuerwehr kam, hatte er einen objektiven Blick von außen auf das »System«. Man hatte einen Gasthof gemietet und auch etwas »Geld in die Hand genommen«, um den Ehrenamtlern einen angenehmen Rahmen zu bieten. Schließlich hatten Sie einen ganzen Samstag für die Veranstaltung geopfert. Die Ergebnisse der einzelnen Workshops wurden auf sehr ansprechenden Flipcharts festgehalten. Die Veranstaltung hieß »Zukunfts-Workshop« und war eine Idee des Kreisfeuerwehrverbandes. Die angestauten Probleme mussten endlich einmal mutig angegangen werden! Auslöser waren einige Einsätze im Kreisgebiet gewesen, bei denen manche Feuerwehren an die Grenzen ihrer Leistungsfähigkeit gekommen waren. Bei dem Workshop hatte man die Problemfelder eingegrenzt, die Teilnehmer hatten sich in ihren Heimat-Feuerwehren auf das Ereignis vorbereitet und die Arbeitsatmosphäre war gut. Die Leute hatten sich eingebracht, man war lernbereit und offen. Nach dem Mittagessen sollten die Ergebnisse der Arbeitsgruppen ausgewertet und zusammengefasst werden; es sollten Leitlinien für die Zukunft aufgeschrieben werden. Hier kam der Schwung des Vormittags etwas ins Stocken. Man hatte eine Reihe von »Systemfehlern« aufgedeckt, an denen man ohnehin nichts ändern könne, weil sie nicht von den betroffenen Feuerwehren beeinflusst

1 Grundlagen und Grundsätze

werden können. Man hatte einige »Denkverbote« ausgemacht, die einige betagte Führungskräfte und Kommunalpolitiker nicht angesprochen haben wollten. Und man hatte herausgefunden, dass es bei der »Engpass-Ressource« Personal keine befriedigenden Lösungsansätze gab. So hatte man sich bei den Workshops nur um die Fragen gekümmert, auf die man eine Antwort geben konnte. Ernüchtert mussten die Teilnehmer nun feststellen, dass das nicht die entscheidenden Fragen gewesen waren. Damit erschöpfte sich das »Zukunftspapier« auf einige kosmetische Maßnahmen und die Fachleute verließen die Veranstaltung mit einem schalen Gefühl der Resignation. In der Presse wurde die Veranstaltung jedoch in den höchsten Tönen gelobt und auch der Landrat zog eine positive Bilanz.

Zukunftsgestaltung ist eine Führungsaufgabe. Das bloße Verwalten des Status quo ist eigentlich keine Führung, sondern fällt eher in den Bereich »Management«. Insofern ist Führung ausgesprochen anspruchsvoll, verlangt Erfahrung und Einsicht und den Mut, Probleme beim Namen zu nennen und dann anzugehen. Erfolgreich wird man als Führungskraft nur sein, wenn einem Gestaltungsspielraum bleibt und genau hier liegen die Probleme in allen starren, tradierten Systemen. Zu diesen gehören unsere Feuerwehren und in mancher Hinsicht auch die Hilfsorganisationen.

Ständig werden aber unsere Feuerwehren und Rettungsdienst-Organisationen zur Anpassung an veränderte Gegebenheiten gezwungen, weil das gesellschaftliche Umfeld immerwährend im Fluss ist. Ganz allgemein gesprochen nehmen in unserer Welt Dynamik und Komplexität immer mehr zu. Etwas einfacher ausgedrückt: Unsere Welt wird immer komplizierter und dreht sich immer schneller. Was gestern noch als richtig und wichtig galt, ist heute immer schneller überholt. In der Führungsarbeit muss daher heute mehr denn je unterschieden werden zwischen allzeit Gültigem und zeitlich Veränderlichem, zwischen Konstanten und Variablen.

Die Meinungen über das, was es zu bewahren gilt und die Dinge, die angepasst oder sogar aufgegeben werden müssen, können schon einmal auseinander gehen. Eines ist jedenfalls sicher: Wer seine Feuerwehr oder Hilfsorganisation ausschließlich auf die Art und Weise führen will wie noch vor 20 oder 40 Jahren, wird einiges falsch machen. Die zweite schlechte Nachricht für die Erfahrenen und Altgedienten: Erfahrung an sich ist immer noch Gold wert, aber längst nicht alles. Um noch eins drauf zu setzen: Man kann auf der persönlichen Ebene seine Sache auch 30 Jahre lang schlecht machen. Die Aufforderung an die Jungend: »Erst mal besser machen.« Das Leitmotiv für alle Generationen in unseren Tagen: »Bescheiden, selbstkritisch und lernfähig bleiben.«

Wie Sie bald bemerken werden, werden in diesem Buch eine Reihe sprachlicher Bilder verwendet. Damit lassen sich komplexe Zusammenhänge verdeutlichen und auf

1.1 Die Zeiten ändern sich – Führungsarbeit im Wandel der Zeiten

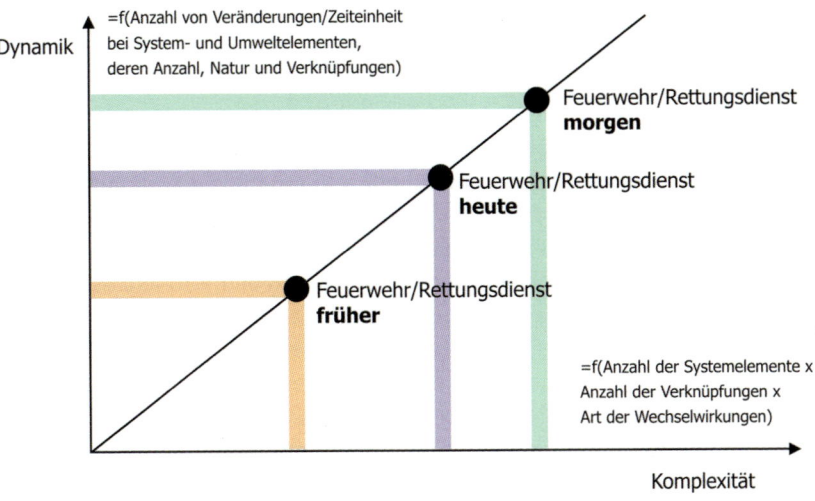

Bild 1: *Zunahme von Dynamik und Komplexität*

den Punkt bringen. Im Zusammenhang dieses Kapitels kann man die gesellschaftlichen Entwicklungen und Trends mit Eisenbahnzügen vergleichen. Als gute Führungskraft sollten Sie sich nun ab und zu einige Fragen stellen: Zu welchem Ziel sind diese Züge eigentlich unterwegs? In welchen Zug soll man einsteigen? Wer sind die Lokomotivführer? (Wenn diese Fragen beantwortet sind, ergibt sich die Antwort auf die Frage nach dem Einsteigen oft ganz von selbst.) Keine Angst vor zu viel geistiger Mühe: Wie so häufig steckt die Antwort schon in der Fragestellung. Solche grundlegenden Fragen müssten – so glaube ich – jede Führungskraft von Zeit zu Zeit beschäftigen. Das bringt zwangsläufig auch die eine oder andere schlaflose Nacht mit sich.

Ein solcher Zug, der meines Erachtens für unsere ehrenamtsbasierten Organisationen in eine ungute Richtung fährt, kann man das Etikett »Kommerzialisierung« aufkleben. Dieser gesellschaftliche Megatrend ist vor dem Hintergrund der Krise des Ehrenamts im Allgemeinen und unserer Freiwilligen Feuerwehren im Besonderen ausgesprochen fatal. Kommerzialisierung meint: Nahezu alle Bereiche unserer Gesellschaft sind zum Geschäft geworden und werden zuerst unter kommerziellen Gesichtspunkten betrachtet. Jeder Dienst, jedwede Leistung wird mit Geld aufgewogen und abgegolten. Geld regiert schon immer die Welt, jedoch scheint in unseren Tagen jeglicher Idealismus den Finanzzwängen zum Opfer zu fallen. Was geschähe in Sport und Kultur, in Politik und Medien, in Kirchen und Vereinen, wenn

1   Grundlagen und Grundsätze

der Geldfluss aus irgendeinem Grund versiegen würde? Vermutlich würde in mehr Abteilen unseres imaginären Zuges das Licht ausgehen, als man annehmen kann und will. Vor diesem Hintergrund kann man den Freiwilligen Feuerwehrmann, den Ehrenamtlichen im Rettungsdienst und den Hauptamtlichen mit einem Rest von Berufsehre getrost als »Dinosaurier« betiteln. Daher auch der ungeheure Kraftakt, das Ehrenamt (wiederum mit Hilfe von Geld und Werbung) in modernen Zeiten attraktiv zu machen und zu halten.

Es gibt noch eine Menge weiterer Züge, die ebenfalls in eine falsche Richtung unterwegs sind. Ihnen könnte man die Etiketten »Individualisierung«, »Professionalisierung/Spezialistentum« und »Globalisierung« aufkleben. Allesamt keine guten Vorzeichen für ehrenamtsbasierte Organisationen. Auch keine verheißungsvollen Zeiten für Idealisten, Gemeinwohlorientierte und Menschen mit einer bestimmten Vorstellung von Berufsethik oder sogar Berufsehre.

Um weiter im Bild zu bleiben: Mit Sicherheit kann niemand diese Züge aufhalten oder gänzlich umlenken, schon gar nicht, indem man sich opfert und auf die Gleise wirft. Es wird jedoch auch niemand gezwungen, diese Züge zu beschleunigen und noch eine Extraportion Kohlen in den Kessel des Zugfahrzeugs zu schaufeln. Aber genau dies tun viele unserer führenden Köpfe in Berufsfeuerwehren, Hilfsorganisationen, Landratsämtern und Ministerien.

Als Führungskraft sollte man sich also gelegentlich fragen, welche Züge unterwegs sind, in welchen wir uns hineinsetzen sollten, ob der Zug nicht in einem Sackbahnhof endet, wann es Zeit ist auszusteigen oder sogar abzuspringen und wer unsere Lokführer sind. Gehen Sie als verantwortliche Führungskraft davon aus, dass es eine Unzahl von Menschen gibt, die sich diesen Überblick nicht verschaffen (können), die nur mitfahren, weil sie als Führungskraft eingestiegen sind und denen der Mut fehlt, aus einem falschen Zug auszusteigen. Das sind auch Ihre Kameraden und Kollegen, die nicht darüber nachdenken oder sagen können, warum genau sie »dabei« sind, die nichts gestalten wollen, die sich aber an Ihnen orientieren und nachts ruhiger schlafen als Sie. Gehen Sie auch davon aus, dass sich in unserer Welt regelmäßig die Falschen die Lokführermütze aufsetzen, dass falsche Fahrpläne aushängen, in den besten Zügen nicht die meisten Leute mitfahren und nicht jeder ein Schaffner ist, der Ihre Fahrkarte sehen will.

Wenn Sie bewusst Nachrichten schauen oder Zeitung lesen, beobachten Sie automatisch Trends und Entwicklungen in unserer Gesellschaft (z. B. den demografischen Wandel, Klimawandel, Neuerungen im Gesundheitswesen oder die Auswirkungen der EU-Bürokratie). Nehmen Sie sich die letzte Tageszeitung zur Hand, hören Sie beim Autofahren den Deutschland-Funk oder schauen Sie eine Nachrichtensendung im

1.1 Die Zeiten ändern sich – Führungsarbeit im Wandel der Zeiten

Fernsehen. Schärfen Sie ihre Sinne. Beobachten Sie Klima und nicht Wetter. Gehen Sie einmal auf Abstand von den Tagesnachrichten und stellen Sie sich bei allem, was Sie da beobachten, folgende Fragen:
1. In welche Richtung führen uns diese Entwicklungen?
2. Wer treibt die Entwicklungen voran und wem nützen sie?
3. Welche Auswirkungen haben die Entwicklungen auf meinen Beruf/mein Ehrenamt?

Teilen Sie mehr oder weniger regelmäßig Ihre Überlegungen und Gedanken im Kollegenkreis, an Ihrem Stammtisch oder mit Freunden. Stoßen Sie (z. B. mit einer provokativen Frage) eine Diskussion an:
1. Was bedeutet diese oder jene Entwicklung für meine Arbeit?
2. Wie ist die Interessenlage hinter den Trends?
3. Was sollten wir bewahren, was können wir aufgeben?

Ein Beispiel für eine lohnenswerte Diskussion ist die Frage nach den Auswirkungen des Wertewandels in unserer Gesellschaft auf das Arbeitsklima in Feuerwehr und Rettungsdienst: Seit jeher sind z. B. Feuerwehren bekannt für ihren guten Zusammenhalt unter Kollegen bzw. Kameraden. Dieser Zusammenhalt hat einen ungeheuren Wert und hilft, gesehenes Leid und Elend zu verkraften und zu verarbeiten. Zu diesem Thema habe ich ein wunderbares Zitat gefunden. Im Handbuch für den Ausbilder in Freiwilligen Feuerwehren von W. Edward Buchanan Jr. steht folgendes Statement eines amerikanischen Feuerwehrmannes (Buchanan, 2003):

»Die Kameradschaft bedeutet für mich mehr als ein Aufkleber an der Windschutzscheibe meines Autos. Es bedeutet, man hilft sich, wenn die Kinder krank sind. Man hilft sich, wenn man Geldprobleme hat. Wenn du umziehst, fahren wir den Umzug. Wenn du ein neues Dach brauchst, decken wir es. Es bedeutet auch: Man lässt sich in einem brennenden Haus niemals im Stich. Eher würde ich mir die Ohren vom Kopf brennen lassen.«

- Ist diese Einstellung, dieser Kameradschaftsgeist bei uns (noch) zu finden?
- Wollen wir diese Einstellung noch haben oder sind andere Motive in den Vordergrund getreten?
- Wenn nein, warum haben wir sie nicht mehr? Was ist uns die Sache wert?
- Sind wir am Ende selbst schuld, wenn das zwischenmenschliche Klima in unseren Reihen schlechter wird?

1 Grundlagen und Grundsätze

- Warum habe ich 300 »Freunde« auf Facebook, finde aber keinen Draht zu den eigenen Kameraden und merke nicht, wenn jemand auf der Arbeit Probleme hat?
- Wer hat etwas davon, wenn der Zusammenhalt schlechter wird? Zieht gar jemand Nutzen daraus, wenn es im Dienst unkollegial zugeht?
- Was können wir tun, um unseren Zusammenhalt wieder zu stärken?
- Gibt es diesbezüglich einen konkreten Vorsatz oder ein festes Ziel, das wir ins Auge fassen können?

1.2 Die Grundlage muss stimmen – Ethik, Moral, Werte

1.2 Die Grundlage muss stimmen – Ethik, Moral, Werte

In dieser Lektion lernen Sie besser zu verstehen, wie Ihre unterbewussten und unausgesprochenen Werte Ihren Arbeitsalltag beeinflussen. Wir alle werden von Grundsätzen regiert, die wir seit unserer Kindheit verinnerlicht haben. Diese Werte bestimmen unsere Ziele und lenken unsere Schritte. Am Ende dieser Lektion sollten Sie wissen, was Werte sind und welche davon Ihnen besonders wichtig sind. Diese Werte sollten Sie dann immer wieder thematisieren, z. B. wenn Sie als Wehrführer eine Rede bei einer Jahreshauptversammlung halten müssen oder in Ihrer Rettungswache zu einem Jubiläum sprechen sollen.

Die Würde des Menschen ist unantastbar. Sie zu achten und zu schützen ist Verpflichtung aller staatlichen Gewalt.
Grundgesetz der Bundesrepublik Deutschland, Artikel 1

Der Mensch ist des Menschen Wolf.
Thomas Hobbes

Man kann ohne Liebe: Holz hacken, Ziegel formen, Eisen schmieden. Aber man kann nicht ohne Liebe mit Menschen umgehen.
Lew N. Tolstoi

Die alte Dame stand völlig aufgelöst und im Bademantel in ihrer Küche. Aus irgendeinem Grund waren die Schläuche zu ihrer Waschbecken-Armatur abgegangen, was den Einsatz der Feuerwehr ausgelöst hatte. Ein See auf dem Fußboden, Wasserflecken an der Decke der darunter liegenden Wohnung und aufgebrachte, verständnislose Nachbarn waren das Ergebnis der abendlichen Küchen-Katastrophe. Ihre eigene Hilflosigkeit trieb der Frau die Tränen in den Augen; die Kinder waren nicht erreichbar, sie arbeiteten im Ausland. Der Hausverwalter war wie so oft nicht ans Telefon zu bekommen, und die Nachbarn im Haus kannte sie nur flüchtig von kurzen Begegnungen im Treppenhaus. Nun waren alle Gefahren beseitigt. Nach der Abschaltung des Stroms, dem Einsatz des Nasssaugers und dem Entfernen der Teppiche in Wohnzimmer und Schlafstube stand die Besatzung des Löschfahrzeugs im Flur. Der Einsatzauftrag war erledigt, die Zuständigkeit endete hier. Das Kommando »Zum Abmarsch fertig« war schon gegeben. Außerdem war Abendbrotzeit. Die Entscheidung des Gruppenführers lautete trotzdem die Armatur zu reparieren. Während ein Kollege (Klempner von Beruf) den Wasserhahn reparierte, tröstete ein anderer die Bewohnerin. Größer als der Wasserschaden war die Aufregung der Frau.

1 Grundlagen und Grundsätze

Diese Aufregung begann nun langsam zu verfliegen. Die Versicherung würde bezahlen; sie hatte niemandem Ärger gemacht. – Nach Ankunft in der Wache musste das Abendessen der Fahrzeug-Besatzung nochmal die Mikrowelle passieren, trotzdem waren alle aus ungeklärter Ursache bester Laune.

Hätte man die Kollegen aus dem Beispiel gefragt, warum sie etwas über das unbedingt Nötige hinaus getan haben, hätte man z. B. folgende Antwort erwarten können: »Wir konnten die Frau doch nicht einfach stehen lassen!« Will sagen: Einfach abzurücken, hätte man als unethisch oder unmoralisch empfunden. Den meisten Angehörigen der Feuerwehr käme vermutlich die Frage überhaupt unsinnig vor.

Nur so viel zu den theoretischen Grundlagen: Ethik ist das sittliche Verständnis von bestimmten Dingen; einfacher ausgedrückt: Ethik beantwortet die Frage nach einem guten und »richtigen« Leben. Die Ethik ist zunächst eine Disziplin der Philosophie und liefert die Begründung für die Moral. Moralvorstellungen wiederum repräsentieren Werte, die ein Einzelner oder eine Gruppe von Menschen hat. Hinter dem augenfälligen Alltagshandeln steht also immer ein verborgener Grund (besser: ein ganzer Begründungsmix), der sich allerdings – wenn überhaupt – erst dann offenbart, wenn sich Menschen näher kennen lernen.

Und das sollte jede Führungskraft zu diesem Themenkomplex wissen:

1. *Dauerhaft* erfolgreiche Führungsarbeit steht *immer* auf einer guten ethischen Grundlage. Ohne diese lassen sich höchstens kurzfristige Erfolge erzielen. Ein Beispiel aus der Wirtschaft: Mit Entlassungen lässt sich der Aktienkurs eines Unternehmens in die Höhe treiben. Später mag man feststellen, dass mit den Entlassenen nicht Kosten, sondern eigentlich Vermögen abgebaut wurde.
2. Wer in einem helfenden Beruf arbeitet, sollte dieses Anliegen (zu helfen) auch verinnerlicht haben. Das heißt: Sie brauchen einen Grund zum Helfen. Das sollte nicht ein »Helfer-Syndrom« sein, welches krankhaft ist. Besser wäre eine humanistische Grundeinstellung (z. B. »Alle für einen – einer für alle«) oder eine christliche Motivation (z. B. »Gott zur Ehr´, dem Nächsten zur Wehr«), in jedem Fall aber eine menschenfreundliche Gesinnung.
3. Eine gute Führungskraft sieht im Mitarbeiter nicht nur eine Nummer, einen Befehlsempfänger oder einen Untergebenen, sondern eine wertvolle Persönlichkeit. Prüfen Sie Ihr Menschenbild! Ich meine folgendes wörtlich: Wenn Sie in Ihren Unterstellten nur Idioten und Fußabtreter sehen, sollten Sie besser keine Führungskraft sein. Selbst wenn sich Ihre Unterstellten wie Idioten benehmen, gibt Ihnen das nicht das Recht, diese auch als solche zu behandeln.

1.2 Die Grundlage muss stimmen – Ethik, Moral, Werte

4. Jede Führungskraft hat die Pflicht und Aufgabe, die Moral der Truppe hochzuhalten. Wer bewusst führen will, sollte daher die oben beschriebenen Zusammenhänge kennen. Getreu dem Motto: »Langfristig ist nur erfolgreich, wer weiß, warum er erfolgreich ist.« Sie haben gelegentlich die Aufgabe, Sinn zu stiften, wo keiner einen Sinn sieht und Charakter zu beweisen, wo man seine gute Erziehung am liebsten vergessen möchte.
5. Ein hoher Wert im Umgang untereinander ist Wahrhaftigkeit, was vom Wortsinn her bedeutet »der Wahrheit verhaftet sein«. Falschheit und Lügen führen zur Verführung. Wenn Sie schon nicht die Wahrheit sagen können, schweigen Sie wenigstens. »Sage nicht alles, was du weißt, aber wisse immer, was du tust« (Matthias Claudius). Auch das kann für Manchen schon zur Mammut-Aufgabe werden.
6. Ebenso hoch im Kurs wie Wahrhaftigkeit steht Vertrauen. Tatsächlich geht das Zweite aus dem Ersten hervor. Sie sind noch neu in Ihrer Führungsfunktion? Erwarten Sie keinen Vertrauensvorschuss in der Abteilung oder auf der Wache. Schön, wenn Sie den bekommen; wenn nicht, auch gut. Vertrauen muss wachsen und will erarbeitet werden.
7. Gute Führungsarbeit lebt von Werten, die Führungskraft und Geführte teilen. Wenn nur die Führungskraft organisationstypische Werte lebt, haben Sie ein Problem – umgekehrt natürlich genauso. Falls Sie mit einem relativ hohen Wertebewusstsein allein stehen, überlegen Sie, wie Sie in Ihrem Verantwortungsbereich Werte gezielt fördern können.
8. Werte müssen durch Ziele verwirklicht und in konkrete Schritte umgemünzt werden. Wieder ein Beispiel: Sie betrachten das Zusammengehörigkeitsgefühl und die Kameradschaft in Ihrer Truppe als hohen Wert. Sie setzen sich deshalb zum Ziel, den Gemeinsinn und die Kameradschaft zu stärken. Als konkrete Schritte fassen Sie eine herausfordernde Einsatzübung mit einem anschließenden Kameradschaftsabend oder einen gemeinsamen Bowlingabend im nächsten Halbjahr ins Auge.

Die praktische Aufgabe in dieser Lektion ist wiederum zunächst etwas für Sie ganz persönlich. Verschaffen Sie sich etwas Abstand vom Alltag, holen Sie sich einen Kaffee, gehen Sie in sich und beantworten Sie für sich und Ihren Aufgabenbereich folgende Fragen. Die Beantwortung mag anstrengend sein. Es ist gut möglich, dass Sie sich ein wenig dazu zwingen müssen. Der Aufwand lohnt sich aber.

1. Wie ist es um die Werte an meinem Arbeitsplatz bestellt? Wie hoch stehen Werte im Kurs, wie steht es um gegenseitiges Vertrauen, Zuverlässigkeit, Ehrlichkeit?

1 Grundlagen und Grundsätze

2. Aus welchem Grund setze ich mich immer wieder für bestimmte Anliegen ein? Hat sich meine Motivation in der letzten Zeit gewandelt und wenn ja, warum?
3. Welches Bild habe ich von meinen Mitarbeitern bzw. Kameraden? Welche Auswirkungen hat dieses Bild? Wo habe ich mich in Menschen getäuscht?
4. Wie viel Vertrauen genieße ich von meinen Kollegen bzw. Unterstellten? Wo habe ich Vertrauen verspielt? Wie kann ich es zurückgewinnen?
5. Welche Werte möchte ich gerne in den Vordergrund rücken? Wie kann das praktisch aussehen? (Denken Sie an den oben genannten Dreierschritt: Werte – Ziele – Schritte.)

Wenn Sie Ziele formulieren wollen oder müssen (egal, ob beruflich oder privat), können Sie folgende Regel als Hilfestellung nutzen: Ziele sollen SMART sein. Dabei bedeuten die Buchstaben jeweils:

	Ziele sollen …	Beispiel
S	Spezifisch sein, d. h. klar und eindeutig benannt werden.	Wir wollen den Apothekenraum in unserer Rettungswache komplett renovieren und ein neues Regalsystem einbauen.
M	Messbar sein, d. h. konkret gefasst werden.	In allen fünf Ortsteil-Feuerwehren sollen die Löschfahrzeuge jeweils vier neue Aluminium-Steckleiterteile mit Einsteckteil erhalten.
A	Anspruchsvoll sein, aber nicht unrealistisch.	Alle unsere Führungskräfte sollen innerhalb der nächsten fünf Jahren in allen wichtigen Office-Anwendungen fit gemacht werden.
R	Realisierbar, d. h. mit den zur Verfügung stehenden Mitteln erreichbar sein.	Aus unseren Eigenmitteln und mit unseren handwerklichen Fähigkeiten wollen wir bis zum Frühjahr unseren Gemeinschaftsraum verschönern.
T	Terminiert – Zum Ziel soll ein konkreter Termin ins Auge gefasst werden.	Bis zum 21.06. nächsten Jahres sollen für unsere Feuerwehr drei neue Atemschutz-Geräteträger ihre Ausbildung abgeschlossen haben.

Literaturtipp:
Kramp, Bernd; Nydegger, Daniel: *Ethik in der Feuerwehr*, Kohlhammer-Verlag, (Rotes Heft, Band 100), 2015.

1.3 Hab Acht auf dich selbst – Selbstführung

Diese Einheit ist vermutlich die persönlichste von allen. Es geht um einen wichtigen Zusammenhang, der oft nicht beachtet und gerne ausgeblendet wird: Wer andere Menschen führen will, muss zuerst sich selbst führen können. Das Umgekehrte gilt genauso: Nur wer sich selbst führen kann, kann andere Menschen führen. Lernen Sie in diesem Abschnitt, diesen Zusammenhang bei sich und anderen zu beobachten und zu beachten.

Wer andere beherrschen will, muss sich selbst beherrschen.
Karl Martell

Habe acht auf dich selbst und auf deine Lehre.
Paulus an Timotheus, Die Bibel, 1. Timotheus 4,16

Wenn es Deinen inneren Frieden kostet, ist es zu teuer.
Unbekannt

Die Zeiten haben sich geändert. Nicht, dass man es irgendwie beschreiben, beziffern oder mit Händen greifen könnte. Nach und nach und von ihm selbst unbemerkt war ihm alles entglitten. Nur wenige Monate hatte es dazu gebraucht. Er war von seinem Sockel als angesehener Rettungsassistent in seiner Rettungswache herunter gerutscht, obwohl er nach wie vor Lehrrettungsassistent war und eben eine glänzende Notfall-Sanitäter-Prüfung hingelegt hatte. Ihm selbst kam es mehr als harter Sturz vor, weniger als sanftes Rutschen. Da nützte es auch nichts, dass die Praktikanten immer noch mit Bewunderung zu ihm hochblickten. Er kam immer häufiger unrasiert und unausgeschlafen zum Dienst, was ihm früher nie passiert wäre. Seine Kollegen begannen, hinter seinem Rücken zu reden. Man befürchtete, dass irgendwann ein Patient seine Fahrigkeit auszubaden hätte. Zwar hatte er bis heute seinen speziellen Rettungsdienst-Humor behalten, aber der Anteil an Sarkasmus in seinen Witzen war deutlich größer geworden. Seine Entscheidungsfreude im Einsatz war nicht mehr die alte; bei Ausbildungen wanderten seine Gedanken immer wieder zu seiner Familie, vor allem zu seinem Sohn. Niemals hätte er gedacht, dass ihn die Geschichte mit seiner Frau so aus der Bahn werfen würde. Es war merkwürdig: Fremdgegangen war keiner von beiden, das Eigenheim war fertig, sie hatte beide einen halbwegs gut bezahlten Job. Irgendwie hatten sie sich auseinander gelebt. Ihm war, als zöge es ihm die Beine weg; als würde er auf Treibsand stehen. Er fühlte eine grausame innere Leere, ein mächtiges Gefühl der

1 Grundlagen und Grundsätze

Sinnlosigkeit bemächtigte sich seiner. Die Gedanken kreisten auch im Dienst ständig um die »Baustellen« zuhause; sein Ehrenamt betrieb er nur noch, weil es keinen Besseren für die Aufgabe gab. – Was war falsch gelaufen?

Ich nehme an, es geht Ihnen wie mir: Auseinandersetzungen auf der Arbeit sind deutlich leichter zu verkraften als Streit zu Hause. Private Probleme können einem den Boden unter den Füßen wegziehen und sind wahrscheinlich häufiger die Ursache für Führungsfehler als wir alle annehmen. In jedem Fall wirken sich Sorgen und Probleme im Privatbereich auf das Führungsverhalten aus. Am leichtesten zu beobachten ist dieser Zusammenhang bei Anderen: bei Mitarbeitern und Vorgesetzten. Nicht wenige männliche Kollegen lassen in der Dienststelle »die Sau raus«, weil sie zuhause »unterm Pantoffel stehen«. Das Umgekehrte gilt aber auch: Wer ein erfülltes und zumindest halbwegs glückliches Privatleben hat, kann im Dienst ausgeglichen und berechenbar führen.

Es gibt also einen nicht zu leugnenden Zusammenhang zwischen meinem Innenleben und meinen Beziehungen zu meinem Führungsverhalten im Dienst. Um das Zitat von Karl Martell auf eine brutal einfache Formel zu bringen: »Wer sich selbst nicht führen kann, kann auch andere nicht führen«. Sich selbst führen meint dabei zunächst, die eigene Person und sein Leben im Griff zu haben; mit sich selbst im Reinen zu sein und auch privat in geordneten Verhältnissen zu leben.

Bei diesem Thema weiß ich nun nicht, wie es Ihnen als Leser bis hierher geht. Vielleicht betrachten Sie eine Abhandlung über Privates als unzulässige Einmischung. Es ist modern, Privates und Dienstliches strikt zu trennen. Wenn dies so ist, überspringen Sie bitte das Kapitel oder schreiben Sie mir Ihre Meinung. Beim Thema Selbstführung berührt man nämlich zwangsläufig einen wunden Punkt. Bei Politikern sind wir persönlich oft der Meinung, dass es egal ist, was sie privat treiben, wenn nur die Arbeit ordentlich gemacht wird. Wenn jemand dreimal heiraten möchte, ist das seine Sache. Wenn jemand sein Geld im Bordell durchbringt – bitteschön. Aber ist diese strikte Trennung von der Privat- und Öffentlichkeitsperson wirklich ehrlich?

In unserer Gesellschaft erleben wir heute ein merkwürdiges Paradox: Wir haben zumeist eine Vorstellung davon, wie unser Leben laufen sollte und sehnen uns nach Ausgeglichenheit, Harmonie und intakten Familien. In der Praxis bekommen wir es aber immer seltener auf die Reihe. Erschwerend kommt hinzu: Keine gesellschaftliche Institution ist in den letzten Jahrzehnten so unter Beschuss geraten, wie Ehe und Familie, woran wir Männer mitschuldig sind. Für Ihren langfristigen Erfolg als Führungskraft ist aber gerade ein harmonisches Familienleben existenziell wichtig. Wir brauchen einen Rückzugsraum und eine Kraftquelle. Obwohl Familie zu haben auch Arbeit bedeutet, ist das gemeinsame Abendessen zuhause (ohne Fernsehen

1.3 Hab Acht auf dich selbst – Selbstführung

und Smartphone am Tisch) oder die Gute-Nacht-Geschichte mit den Kindern oft die einzige Kraftquelle in turbulenten Zeiten.

Dieses Buch ist nun kein Eheratgeber und will keine allzu klugen Hinweise geben, wie Sie Ihr (Beziehungs-)Leben in den Griff bekommen. Es will lediglich auf diesen wichtigen Zusammenhang hinweisen, da er für zu viele Führungskräfte im Dunkeln zu liegen scheint. Schon allein das kann hilfreich sein, wenn es Ihnen selbst den Boden unter den Füßen wegzieht, aber auch bei Ärger mit dem Chef. Suchen Sie sich Hilfe und Unterstützung bei guten Freunden, wenn Ihr Hase hier im Pfeffer liegt!

Potenzielles Opfer von Beziehungskrisen im Privatbereich sind Menschen, die ihren Lebenssinn v. a. im Ehrenamt oder im Beruf suchen oder sich übermäßig mit ihrem Beruf identifizieren. Es gibt im Bereich Feuerwehr und Rettungsdienst Tausende von Geschädigten, die von der Ehefrau oder Freundin vor die Tür gesetzt wurden, weil die Arbeit (auch im Ehrenamt) wichtiger wurde, als die Partnerin. Erst verdrängten die gesammelten Feuerwehr-Utensilien die Frau aus der gemeinsamen Wohnung, nun kehrt die »bessere Hälfte« den Spieß um.

Lassen Sie sich warnen: Es ist heute längst nicht mehr nur der Mann, der Beziehungen beendet. Immer häufiger orientieren sich die Frauen neu und machen dem Spuk ein Ende, von dem der aufopfernde Gatte (scheinbar) gar nichts mitbekam. Bei Lichte besehen ist es häufig einfach nur die (nicht mehr) gemeinsam verbrachte Zeit, die der Urgrund für viele Konflikte ist. Womit Sie Ihre Zeit verbringen, sind die Dinge, die Ihnen wichtig sind. Dabei kommt es nicht nur auf die Menge, sondern auf die Qualität an.

Zum zweiten ist es auch die psychische Belastung in unserer »Branche«, die v. a. bei Männern zum Rückzug aus der so wichtigen Kommunikation in der Ehe und in die Emigration zur Bierflasche führt. Diesen Zusammenhang muss man anerkennen, auch wenn man ihn bei sich selbst nicht ausmacht und Leichenteile, Blutbäder und Brandopfer einem sonst nicht den Schlaf rauben. Nicht zu unterschätzen und ggf. demoralisierender als das erlebte Leid und Elend sind v. a. im Rettungsdienst und in der Leitstelle die hohe Zahl der fordernd auftretenden Patienten ohne wirkliche Indikation für einen Rettungseinsatz.

Auch wenn Sie die Arbeit in Feuerwehr und Rettungsdienst für den schönsten Beruf bzw. das schönste Ehrenamt halten: Der Beruf bzw. das Hobby eignet sich schlecht als alleiniger und letzter Lebenssinn. Ihr Arbeitgeber/Dienstherr bzw. Ihre Feuerwehr wird nicht bei Ihnen sein, wenn Sie allein sind und Sie nicht im Altenheim besuchen kommen (mit Ausnahme der Einzelpersonen, mit denen Sie im Dienst gut ausgekommen sind). Es gibt noch ein anderes Leben da draußen. Auch wenn Sie es gerne glauben möchten: Die Rettung der Welt liegt nicht in ihren Händen. Auch Sie sind ersetzbar. Auch auf Sie kann die Welt (zumindest eine Zeitlang und unter

Schmerzen) verzichten. Falls Sie das nicht glauben möchten, stellen Sie sich folgende Situation vor: Sie liegen nach einem Herzinfarkt im Krankenhaus und erfahren, dass Sie nur noch vier Stunden täglich arbeiten dürfen. Worauf kommt es Ihnen an? – Passen Sie als Führungskraft daher nicht nur auf Ihre Kollegen und Kameraden auf, sondern bitte auch auf sich selbst!

Damit sind wir schon bei der Praxis. Für die Aufgabe zum Thema brauchen Sie wiederum Zeit und Ruhe. Sie sollten (vielleicht mit gehörigem Abstand zum Alltag) einmal den Zusammenhang zwischen persönlicher Lebensführung und den Auswirkungen auf das Führungsverhalten analysieren. Möglicherweise wird diese Aufgabe zu einer Mutprobe für Sie, vielleicht zu einer Offenbarung. Reden Sie mit Ihrer Partnerin/Ihrem Partner:

- Haben Sie gemeinsame Ziele?
- Wo wollen Sie gemeinsam hin? Wo sehen Sie sich in zehn Jahren?
- Welche Rolle spielen Ihr Beruf und Ihr Ehrenamt dabei?
- Was ist verhandelbar; was ist die oberste Priorität?

Diese Ziele für das Privatleben sollten weiter gefasst, höher gesteckt und mehr sein, als der zweite Fernseher für das heimische Schlafzimmer. Fragen Sie ggf. auch enger befreundete Kameraden/Kollegen nach Ihrer Meinung.

Nachdem Sie dies getan haben, verstehen sie sicher manche Verhaltensweisen und Reaktionen besser. Graben sie tiefer, fangen Sie klein an und ändern Sie Dinge. Beachten Sie dabei die Hinweise zu Zielen im vorherigen Kapitel.

1.4 Die 80-20-Regel – Effizienz und Effektivität

In dieser Einheit lernen Sie eines der ungeschriebenen Gesetze hinter Ihrem Arbeits- bzw. Dienstalltag kennen: die sogenannte 80-20-Regel. Wenn Sie zu übertriebener Gewissenhaftigkeit und zu Perfektionismus neigen, kann Ihnen diese Entdeckung helfen, sich guten Gewissens von unnötigen, fruchtlosen Aufgaben zu verabschieden. Auf diese Art kommen Sie zu neuen Freiräumen und gewinnen wieder mehr Freude an der Arbeit. Lernen Sie, zwischen eiligen und wichtigen Angelegenheiten zu unterscheiden und auf diese Art effektiver und effizienter zu werden. Ein weiteres Hilfsmittel ist die Aufgabeneinteilung nach dem sogenannten Eisenhower-Prinzip, das in dieser Lektion ebenfalls behandelt wird.

Sie litten alle unter der Angst, keine Zeit für alles zu haben und wussten nicht, dass Zeit haben nichts anderes heißt, als keine Zeit für alles zu haben.
Robert Musil

Die Liebe zur Geschäftigkeit ist nicht dasselbe, wie Fleiß.
Seneca

Seine Finger spielten mit dem Zinndeckel seines Bierkruges auf seinem Schreibtisch. Er hatte den (– wie er fand – potthässlichen) Krug vor einem halben Jahr vom Oberbürgermeister zu seiner Wahl zum Gemeinde-Wehrleiter bekommen. Was er natürlich für sich behielt: Eine neue Uhr oder ein schickes Rettungsmesser hätten ihn wesentlich mehr gefreut. Seine Ernennung war einfach eine logische Folge seiner jahrelangen harten Arbeit in der Wehr seiner Kleinstadt. Und: Führungskräfte sind in Zeiten wie diesen ohnehin dünn gesät. So hatte er sich eben breitschlagen lassen. Die Not war seine Berufung. Für seinen Geschmack hatte sein Vorgänger, der Frührentner war, die Zügel ein wenig zu locker gelassen. Jetzt kam endlich frischer Wind in den Laden. »Neue Besen kehren gut« (auch wenn der Besen schon 38 Jahre auf dem Buckel hat). Es gab einiges nachzuholen. Das Ausbildungskonzept musste komplett überarbeitet werden, der Brandschutz-Bedarfsplan musste durch den Stadtrat genehmigt werden und ein Anbau des Gerätehauses wartete auf seinen Beginn. Deshalb legte er sich voll ins Zeug, prüfte täglich dreimal seinen Posteingang, telefonierte stundenlang und regelte tausend Kleinigkeiten. Aber trotz seiner Mühe schienen die Aufgaben nicht weniger zu werden – im Gegenteil. Irgendwie verteilt sich Arbeit immer nach oben. An die Tatsache, dass er täglich und auch an Wochenenden im Gerätehaus saß, schienen sich die Kameraden schnell zu gewöhnen. Trotz allem wurde er den Eindruck nicht los, dass sich unterm Strich gar nichts bewegte. Sein Büro erschien ihm wie ein Hamsterrad und der hässliche Bierkrug würde bald irgendwo unter neuen Akten verschwinden. Dabei war er mit so vielen guten Vorsätzen gestartet. Wo lag das Problem?

Ein derartiges Hamsterrad-Leben kommt vielen Führungskräften bekannt vor. Spricht man das Thema an, erntet man ein müdes, verstehendes Lächeln. Um aus diesem Rad zu klettern, braucht es eine gute Portion Selbsterkenntnis und das Wissen um eine einfache Regel. Diese hat universelle Gültigkeit und wurde von Vilfredo Pareto (1848 bis 1923) entdeckt, einem italienischen Ökonomen. Es ging als das »Pareto-Prinzip« in die Geschichte ein. Sie können dieses universelle Gesetz auf jeden Bereich Ihres Lebens anwenden; hier natürlich einige Beispiele aus Rettungsdienst und Feuerwehr:

- 20 % Ihrer Leute beanspruchen 80 % Ihrer Aufmerksamkeit.
- 20 % Ihrer Technik verursacht 80 % Ihrer Kosten für Reparaturen.
- 20 % Ihrer Büroaufgaben rauben Ihnen 80 % Ihrer Bürozeit.
- 20 % Ihrer Einsätze erfordern 80 % Ihres Ausbildungsaufwands.
- 20 % Ihrer Nachwuchskräfte machen den anderen 80 % das Leben schwer.

Diese Liste mit Beispielen ließe sich beinahe ins Unendliche fortsetzen. Allgemein formuliert, sind 80 % Ihres Aufwands für 20 % Ihres Erfolgs verantwortlich. Die anderen 20 % Ihres Aufwands erbringen die übrigen 80 % Ihres Erfolgs. (Übrigens: Innerhalb der oberen 20% unterliegen die Verhältnisse wieder der 80-20-Regel und so weiter.)

Die gute Nachricht: Sie können diesen Zusammenhang für sich ausnutzen, um erfolgreicher und effizienter zu sein. Die Grundregel, um mit den »schlechten« 20 % fertig zu werden, heißt: Entledigen Sie sich dieses Anteils, dann haben Sie 80 % mehr Zeit, Kraft und ggf. auch Geld. Rein rechnerisch verfünffachen Sie Ihr Potenzial. Wenn das nichts ist! Ehrlicherweise darf man die Voraussetzung für dieses Rezept nicht verschweigen: Sie benötigen theoretisch 100 % Erkenntnis über die Zusammenhänge innerhalb jedes Sachverhaltes auf Ihrem Tisch und 100 % Entscheidungsbefugnis, sonst reduziert sich der Gestaltungsspielraum um den entsprechenden Anteil, den Sie nicht selbst in der Hand haben.

Für mich hat die Entdeckung dieser Regel eine einschneidende Auswirkung: Seit kurzem unterscheide ich nämlich nicht mehr zwischen wichtig und unwichtig, sondern zwischen wichtig und eilig. Das funktioniert viel einfacher, da meist schon Andere für Sie einstufen, was eilig zu sein hat. Der Knackpunkt ist, dass man von zahlreichen Menschen umgeben ist, die ebenso »fehleranfällig« sind wie man selbst. Daraus folgt wiederum: Alles Eilige ist häufig nicht wichtig. Umkehrschluss (hier

1.4 Die 80-20-Regel – Effizienz und Effektivität

zulässig): Alles Wichtige ist niemals eilig. Wichtiges geht uns nie auf die Nerven. Wichtiges kann immer auch morgen noch erledigt werden, was wiederum nicht heißt, dass man es immer weiter aufschieben könnte. Es heißt nur: Wichtiges kann immer auch morgen noch erledigt werden.

Relativ bekannt ist auch die Aufgabenbewältigung nach dem sogenannten »Eisenhower-Prinzip«, benannt nach dem ehemaligen amerikanischen Präsidenten. Demnach werden alle Ihre Aufgaben nach Wichtigkeit und Dringlichkeit bewertet. Anschließend können Sie selbst festlegen, mit welcher Priorität die Aufgaben abgearbeitet werden: Einige müssen sofort erledigt werden, andere dürfen direkt in den Papierkorb oder in den Schredder wandern. Für eine dritte Kategorie muss ein Erledigungstermin gesetzt werden und die vierte Kategorie von Aufgaben wird delegiert.

Bild 2: *Priorisierung von Aufgaben nach dem Eisenhower-Prinzip*

Ein häufiger Fehler in der täglichen Verwaltungspraxis, aber auch im Einsatz ist, sich an die sofort zu erledigenden Aufgaben heranzumachen, ohne die Aufgaben nach Wichtigkeit und Dringlichkeit eingestuft zu haben. Dadurch gehen ihnen immer wieder wichtigere Aufgaben »durch die Lappen« und bleiben unerledigt liegen. Das ist im Feuerwehreinsatz etwa so, als wenn Sie beim Wohnungsbrand auf der

1 Grundlagen und Grundsätze

Straßenseite kunstvoll Absperrband ziehen, während hinten aus dem Fenster der Brandwohnung eine Frau zu springen droht.

Auch diese Einteilung nach Eisenhower gibt Ihnen eine Marschrichtung vor und macht so Ihren Kopf frei für ein mutiges Angehen Ihrer Aufgaben, einschließlich Ihres Akten-Durcheinanders. Aller Anfang ist ja bekanntlich schwer. Alles das hat zwangsläufig noch mehr praktische Folgen, auf die Sie Ihre Bekannten, Freunde und Kameraden gelegentlich hinweisen sollten. Uneinsichtige Menschen (auch wenn es sich um Vorgesetzte handelt), sollten Sie nicht über Ihre neue Arbeitsmethode in Kenntnis setzen. Sie würden es missverstehen.

Die Folgen der Methode sind: Seien Sie nicht rund um die Uhr erreichbar. Lassen Sie das Telefon auch mal ausklingeln oder stellen Sie es ganz ab. Glauben Sie mir: Wenn die Welt einstürzt, wird man Sie finden. Schielen Sie nicht alle Stunde nach Ihren E-Mails. Versenden Sie generell keine Lesebestätigungen. Hören Sie bei manchen Gesprächen nicht mehr so genau hin und kultivieren Sie eine »selektive Ignoranz«. Melden Sie sich bei Facebook ab und schauen Sie Fernseh-Nachrichten nur noch einmal im Jahr.

Fürchten Sie eventuelle negative Folgen dieses Konzepts? Ich kann Ihnen aus eigener Erfahrung versichern, dass es keine gibt. Es ist sozusagen ohne Nebenwirkungen. Alle wichtigen Dinge wird man Ihnen auch so erzählen. Sie erfahren davon zwar mit einer kleinen Verzögerung, dafür sind die Nachrichten aber schon gefiltert und vorsortiert. Sie werden in Ihrem Beruf oder Ehrenamt sicherlich Aufgaben übertragen bekommen, aber auf welche Art und Weise Sie diese erledigen, wird ihnen selten vorgeschrieben. Nur kontrollwütige und »pingelige« Vorgesetzte geben Ihnen alle Details einer Aufgabe vor; jeder andere ist froh, wenn Sie Ihre Aufgaben so selbständig wie möglich abarbeiten. Und schließlich sollte auch Ihre Dienststelle ein Interesse daran haben, dass Sie Ihre Prioritäten intelligent setzen und Ihre Aufgaben effizient erledigen. Ihnen selbst bleibt sowohl im Dienst als auch im Privatleben endlich Zeit für die wichtigen Dinge des Lebens: Akten aussortieren und vernichten, mehr Zeit mit fachlichen Dingen verbringen, Ihren Kollegen/Kameraden wirklich einmal zuhören, mit Ihren Kindern oder Enkeln spielen, ein gutes Buch lesen, im Wald spazieren gehen. Ihre Gesundheit wird es ihnen danken.

1. Finden und notieren Sie auf einem Zettel zehn konkrete Beispiele für die 80-20-Regel aus Ihrem Dienstalltag. Setzen Sie die Liste vom Kapitelanfang fort.
2. Sie sollen sich mehr Freiraum für die wesentlichen Aufgaben verschaffen. Überlegen Sie für jeden der zehn Punkte, wie das im Einzelfall funktionieren könnte.

1.4 Die 80-20-Regel – Effizienz und Effektivität

3. Notieren Sie für jeden der zehn Punkte, welche Konsequenzen Sie ziehen wollen. Ein Beispiel: »Ich mache eine Liste der Geräte, die immer wieder kaputt gehen und störanfällig sind und werde diese im nächsten Monat ersetzen oder ganz ausmustern.«
4. Probieren Sie einmal aus, Ihre anfallenden Aufgaben von einer Woche nach dem Eisenhower-Prinzip zu organisieren. Nehmen Sie das Diagramm (Bild 3) zu Hilfe. Bewerten Sie Ihre Aufgaben nach den Kriterien Wichtigkeit und Dringlichkeit und arbeiten Sie diese entsprechend ab. Bestimmen Sie selbst, wie Sie Ihre Aufgaben strukturieren und verbitten Sie sich, dass andere Ihnen hier Vorschriften machen.

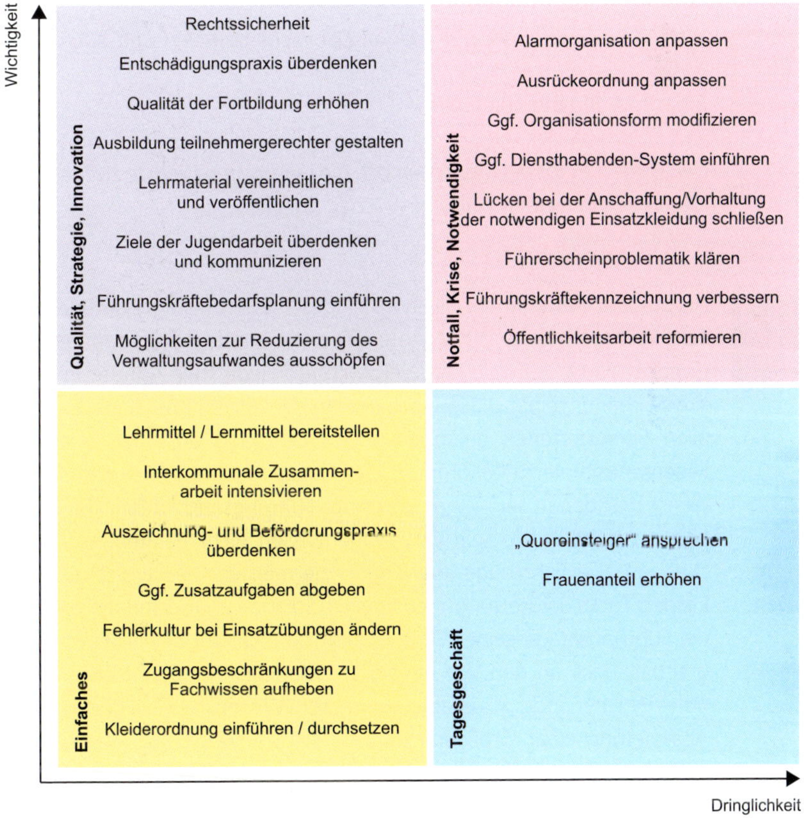

Qualität, Strategie, Innovation
- Rechtssicherheit
- Entschädigungspraxis überdenken
- Qualität der Fortbildung erhöhen
- Ausbildung teilnehmergerechter gestalten
- Lehrmaterial vereinheitlichen und veröffentlichen
- Ziele der Jugendarbeit überdenken und kommunizieren
- Führungskräftebedarfsplanung einführen
- Möglichkeiten zur Reduzierung des Verwaltungsaufwandes ausschöpfen

Notfall, Krise, Notwendigkeit
- Alarmorganisation anpassen
- Ausrückeordnung anpassen
- Ggf. Organisationsform modifizieren
- Ggf. Diensthabenden-System einführen
- Lücken bei der Anschaffung/Vorhaltung der notwendigen Einsatzkleidung schließen
- Führerscheinproblematik klären
- Führungskräftekennzeichnung verbessern
- Öffentlichkeitsarbeit reformieren

Einfaches
- Lehrmittel / Lernmittel bereitstellen
- Interkommunale Zusammenarbeit intensivieren
- Auszeichnung- und Beförderungspraxis überdenken
- Ggf. Zusatzaufgaben abgeben
- Fehlerkultur bei Einsatzübungen ändern
- Zugangsbeschränkungen zu Fachwissen aufheben
- Kleiderordnung einführen / durchsetzen

Tagesgeschäft
- „Quereinsteiger" ansprechen
- Frauenanteil erhöhen

Achsen: Wichtigkeit (vertikal), Dringlichkeit (horizontal)

Bild 3: *Beispiel für die langfristigen Aufgaben im Rahmen der Strategieplanung einer Freiwillige Feuerwehr*

1 Grundlagen und Grundsätze

1.5 Das Peter-Prinzip – Spielregeln in Hierarchien

In dieser Einheit geht es wiederum zuerst um Ihr eigenes Verständnis von Führung. Als Führungskraft sind Sie selbst immer in einer Hierarchie eingebunden. Diese funktioniert nach eigenen Regeln. Wenn es sich eine Behörde oder ein größerer Betrieb leisten kann, sind diese Regeln besonders festgefügt und historisch gewachsen. In dieser Einheit lernen Sie einige dieser teilweise ungeschriebenen Gesetze kennen. Dadurch sollte es Ihnen besser als bisher möglich sein, in dieser Hierarchie etwas zu bewegen. Außerdem sollten Sie diese Regeln verstanden haben, wenn Sie sich selbst in ihrem Beruf oder im Ehrenamt weiter entwickeln wollen.

Wer ist ein unbrauchbarer Mann? Der nicht befehlen und auch nicht gehorchen kann.
Johann Wolfgang von Goethe

Der Ehrgeiz treibt die Menschen oft, die niedrigsten Dienste zu tun; so geschieht das Klettern in derselben Haltung wie das Kriechen.
Jonathan Swift

Als Student war er finanziell etwas eingeschränkt, verfügte dafür aber über reichlich Zeit. Während seine Mitstudenten ihre Hirne mit hochprozentigen Getränken auf diversen Partys aufweichten, verbrachte er jede freie Minute in der Zentrale des Kreisverbands seiner Hilfsorganisation in der kleinen Kreisstadt. Es war ihm bisher in allen Semesterferien gelungen, einen Lehrgang an einer Rettungsdienst- oder Feuerwehrschule zu bekommen. Das Ganze machte ihm einfach Freude; Rettungsdienst war genau sein Ding. Unter der Führungsausbildung, die er im letzten Jahr besucht hatte, hatte sein Grundlagenwissen nicht gelitten. Er kannte die Bestückungen aller Fahrzeuge auswendig, die meisten Dienstvorschriften und auch die kleinen Tricks der Rettungsdienstpraxis. Solange er als Sanitäter eingesetzt war, war die Führungsetage seiner Organisation dankbar für seinen Einsatz. Immer war er greifbar, auch an den Wochenenden. Mancher Hauptamtliche verdankte ihm ein freies Wochenende. Als er aber anfing, sein Wissen in einer Führungsfunktion bei der Absicherung einer Großveranstaltung selbstbewusst anzuwenden, begannen die Probleme. Ob er seine Kompetenzen kenne, aus dem Laden eine hauptamtliche Wache machen wolle und ob er wegen seiner vielen Lehrgänge schon auf einen Orden spekuliere, waren die Sticheleien seiner Vorgesetzten. Insbesondere der Vorsitzende seines Kreisverbands war auf ihn aufmerksam geworden und hatte

1.5 Das Peter-Prinzip – Spielregeln in Hierarchien

ihn zum Gespräch bestellt. Er selbst verstand nicht so recht, was hier überhaupt vor sich ging. Woher kamen die Angriffe? Er wollte doch nur das Beste für seine Organisation, war kollegial, sah sich selbst auch als gutes Aushängeschild. Warum dann die Angriffe seitens seiner Vorgesetzten? Warum der ganze Ärger, wenn man doch nur alles richtig machen will?

Jeder, der in eine Hierarchie hineingerät, lernt früher oder später ihre ehernen Gesetze kennen. Dieser Kennenlern-Prozess kann im Einzelfall sehr schmerzhaft ausfallen. Eine der enttäuschendsten Spielregeln ist die, dass an der Spitze der Pyramide nicht zwangsläufig (oder sogar nur ausnahmsweise) die dafür geeignetsten Leute sitzen. Ein gewisser Mangel an sozialer Kompetenz oder ein charakterliches Defizit scheinen für manche Führungsfunktionen geradezu Voraussetzung – oder zumindest ganz hilfreich – zu sein!

Nur wenige wissen, dass sich bereits vor Jahrzehnten zwei Autoren (Lawrence J. Peter und Raymond Hull) dieses Themas angenommen haben. Weil Sie so wenig Zeit zum Lesen haben, habe ich die wichtigsten Regeln aus deren relativ dünnen Buch »Das Peter-Prinzip, oder die Hierarchie der Unfähigen« für Sie zusammengeschrieben und auf Feuerwehr und Rettungsdienst bezogen. Diese Regeln gelten mit Sicherheit für alle Bereiche der öffentlichen Verwaltung und für große Konzerne (v. a. für die in den vergangenen Jahrzehnten wirtschaftlich erfolgreichen). Für alle neuerdings erfolgreichen Firmen, junge Unternehmen und große Netzwerke gelten diese Regeln nicht oder sehr eingeschränkt, da die Hierarchien hier vergleichsweise flach sind. Gute Führungskräfte achten deshalb darauf, dass (soweit sie das beeinflussen können) Hierarchien so flach wie möglich gehalten werden, damit die unten genannten Regeln nicht so stark zum Tragen kommen können.

Nehmen Sie sich ein paar Minuten Zeit, lassen Sie sich die Regeln auf der Zunge zergehen und machen Sie die Augen auf, wenn Sie das nächste Mal durch Ihr Amt, Ihre Hilfsorganisation oder Ihre Feuerwehr laufen. Lesen Sie nicht schnell darüber hinweg. Jeder Satz ist wichtig und wird Ihnen helfen, in Ihrer Funktion besser zurecht zu kommen.

- »In einer Hierarchie neigt jeder Beschäftigte dazu, bis zu seiner Stufe der Unfähigkeit aufzusteigen.« (Peter/Hull, 1972) – Diese sogenannte Stufe der Unfähigkeit gibt es früher oder später grundsätzlich für jeden Kameraden und Kollegen.
  Ein Beispiel: Ein guter Berufsfeuerwehrmann wird aufgrund seiner Qualitäten zum Oberbrandmeister befördert. Auf dieser Stelle macht er sich sehr gut, bewährt sich als Maschinist und wird ein paar Jahre später zum Hauptbrandmeister befördert. Auch dort bewährt er sich als Gruppen-

führer; die Verwaltungsarbeit nimmt er zwangsläufig in Kauf. Die dienstliche Leitung entscheidet sich, ihn für den gehobenen Dienst zu qualifizieren. Dort ist er (natürlich nur in unserem Beispiel) seiner neuen Aufgabe nicht mehr gewachsen. Er verzweifelt an der ständig anfallenden Verwaltungsarbeit, heult sich regelmäßig bei seiner ehemaligen Wachschicht aus, wird irgendwann von der Amtsleitung als unfähig eingeschätzt und versagt schließlich als Führungskraft. Im Einsatz kommt er vom »Gruppenführer-Denken« nicht los, redet den altgedienten Einheitsführern in ihr »Handwerk« und verliert dabei den Überblick an der Einsatzstelle. Damit hat er das Ende seiner »Fahnenstange« erreicht und wird von da an nicht weiter befördert. Diese »Stufe der Unfähigkeit« liegt für jeden auf einer anderen Ebene.

- »Nach einer gewissen Zeit wird jede Position von einem Mitarbeiter besetzt, der unfähig ist, seine Aufgabe zu erfüllen.« (Peter/Hull, 1972) – Das ist die logische Konsequenz aus der oben beschriebenen Grundregel. Zu Ende gedacht würde das bedeuten, dass in der gesamten »befallenen« Hierarchie nichts Bedeutsames, Zukunftsweisendes oder zumindest Vernünftiges mehr zustande gebracht wird. Nur noch das Unumgängliche wird irgendwie erledigt. Obwohl das in manchen Hierarchien sehr zum Bedauern tatsächlich der Fall ist, hilft das dritte Prinzip aus der Patsche:
- »Die Arbeit wird von den Mitarbeitern erledigt, die ihre Stufe der Inkompetenz noch nicht erreicht haben.« (Peter/Hull, 1972) – Dieser Fakt sorgt wiederum für Unmut und Unzufriedenheit, da die Fähigen ja nicht dafür bezahlt werden, die Unfähigkeiten der Vorgesetzten zu kompensieren. Besonders frustrierend ist es, wenn alle kreativen, zukunftsweisenden Zuarbeiten, Fachkonzepte und Vorgaben von Unterstellten erarbeitet werden, aber die Unfähigen in der Führung auch noch Charaktermängel mitbringen und für die Leistungen der Unterstellten die Lorbeeren einheimsen.
- »Mit der Fähigkeit ist es genauso wie mit der Wahrheit, der Schönheit oder mit Kontaktlinsen – jeder Betrachter sieht sie mit anderen Augen.« (Peter/Hull, 1972) – Diese Erkenntnis wird ergänzt und verschärft durch andere Erkenntnisse aus der forschenden Beschäftigung mit dem Phänomen Inkompetenz: Ganz allgemein unterschätzen unfähige Menschen nämlich ihre eigene Inkompetenz und umgekehrt die Intelligenz der Fähigen. Kurz ausgedrückt: Für Inkompetente kann der gefühlte Abstand zwischen den eigenen Fähigkeiten und den Fähigkeiten der fähigen Kollegen deutlich kleiner wahrgenommen werden als in der Realität. Das Umgekehrte gilt

1.5 Das Peter-Prinzip – Spielregeln in Hierarchien

für wirklich Intelligente und (zusätzlich charakterlich) Gebildete: Sie können die Abgründe der geistigen Dürftigkeit bei anderen nicht ermessen und gehen beim geistigen Anspruch immer wieder fälschlich von sich selbst aus. Die beschriebene Eigenheit unfähiger oder überforderter Menschen, die auch noch in Führungsfunktionen tätig sind, führt zu folgender Grundregel:

- »Diese Fälle zeigen, dass in den meisten Hierarchien Super-Kompetenz anstößiger ist als Inkompetenz. […] Sie verletzt dadurch das oberste Gebot des hierarchischen Lebens: Die Hierarchie muss erhalten bleiben.« (Peter/Hull, 1972) – Dieses Gebot gilt umso mehr, je größer eine Hierarchie ist und je zuverlässiger diese funktionieren muss. Daher sind Feuerwehr, Polizei und Bundeswehr Musterbeispiele für diesen Grundsatz. Und weil die Unfähigen die hierarchische Pyramide nicht in Frage stellen und die Welt damit scheinbar in Ordnung ist, gilt der nächste Grundsatz:
- »Die Angehörigen einer Hierarchie stören sich nicht an der Unfähigkeit.« (Peter/Hull, 1972) – Unfähigkeit bedeutet zwar Mehrarbeit für die Klugen und Fleißigen, stellt jedoch die Hierarchie nicht in Frage. Diese bis jetzt gesammelten Erkenntnisse führen natürlich zu der Frage, wie ambitionierte Leistungsträger in einer Hierarchie nach oben gelangen können. Wie der nächste Absatz beweist, muss man sich in dieser Sache vor dem übersteigerten Vertrauen in die eigenen Verdienste und Leistungen hüten:
- »Meine Untersuchungen haben gezeigt, dass die hemmende Wirkung des Dienstalterprinzips den aufstiegsfördernden Effekt des Ehrgeizes neutralisiert. […] Studium und Fortbildung können sogar einen negativen Effekt haben. Das ist dann der Fall, wenn die gesteigerten Fähigkeiten dazu führen, dass der Mitarbeiter zusätzliche Stufen nehmen muss, bevor er schließlich die Ebene seiner Unfähigkeit erreicht.« (Peter/Hull, 1972) – Das wäre zum Beispiel der Fall, wenn ein ambitionierter Lehrrettungsassistent in der Rettungswache die Ausbildung aller Praktikanten selbst übernimmt, als Desinfektor und Medizinprodukte-Beauftragter engagiert ist und noch Etliches mehr tut, aber dann ein Kollege ohne Extra-Qualifikation Wachleiter wird, weil man auf diesen im Schichtdienst leichter verzichten kann. Damit solche Ungerechtigkeiten möglichst verhindert werden, schließen wir die Sammlung mit einem Hinweis an alle Strebsamen:
- »Wir sollten […] lernen, dass Diskretion das A und O des Ehrgeizes ist.« (Peter/Hull, 1972) – Wie bei dem Thema Kommunikation lässt sich für alle Führungskräfte der eiserne Grundsatz ableiten »Wisse immer, was du sagst aber sage nicht immer, was du weißt.«

1 Grundlagen und Grundsätze

Das alles zusammen ist für Leistungsträger schrecklich bitter. Zum Trost muss ich noch anfügen: Wenn Sie an den o. g. Punkten ankommen und scheitern, muss das nicht an Ihnen selbst liegen. Sie sind einfach an die Grenzen Ihres hierarchischen Systems gestoßen. Es bleiben Ihnen zwei Möglichkeiten: Entweder Sie verlassen und/oder wechseln beizeiten das System oder Sie arrangieren sich damit und suchen sich eine »Nische der persönlichen Erfüllung«. Diese liegt günstigenfalls innerhalb des Berufs oder im zugehörigen Ehrenamt oder eben außerhalb im Bereich Freizeit/Hobby. Vielleicht bringen Sie es dort zur Exzellenz und werden für Ihre Leistungen anerkannt.

Eine Illusion möchte ich ihnen aber nehmen: Es wird Ihnen nicht gelingen, die Spielregeln neu zu schreiben, selbst wenn Sie eines Tages zum Chef des Ganzen geraten sollten. Das geschieht hoffentlich, bevor Sie Ihre Stufe der Unfähigkeit erreicht haben.

- Lassen Sie vor Ihrem inneren Auge Ihre Arbeitsstelle und Ihre Kollegen/Kameraden erscheinen. Suchen Sie Beispiele für jedes der oben genannten Prinzipien.
- Teilen Sie Ihre Belegschaft bzw. Ihre Organisation gedanklich in zwei Lager: Spalte 1 enthält diejenigen, die die »Stufe ihrer Unfähigkeit« noch nicht erreicht haben. Spalte 2 enthält diejenigen, die diesen Punkt erreicht haben. Schreiben Sie hinter jeden Namen ein Schlagwort für den Umgang mit dem Betreffenden, z. B. »fördern«, »mehr kontrollieren«, usw.
- Denken Sie über sich selbst nach. Zeichnen Sie ein Organigramm Ihrer Dienststelle oder besorgen Sie sich ein fertiges. Zeichnen Sie Ihre Position ein und auf welchem Weg Sie dorthin gelangt sind. Beantworten Sie ehrlich folgende Fragen:
    1. Haben Sie Ihre »Stufe der Unfähigkeit« bereits erreicht? Was bedeutet das für Sie?
    2. Gehören Sie zu denen, die fast alle anfallenden Arbeiten erledigen?
    3. Was haben Ihnen Aus- und Fortbildung im Blick auf Ihre Karriere wirklich gebracht?
    4. Wie möchten Sie sich beruflich bzw. im Ehrenamt weiter entwickeln?
    5. Haben Sie Ihr »Endamt« schon erreicht? Welches Ziel sehen Sie noch für sich?

Meine Empfehlung: Verinnerlichen Sie die Regeln, stecken Sie gedanklich Ihren Gestaltungsbereich als Führungskraft ab, handeln Sie in diesem Bereich nach bestem

1.5 Das Peter-Prinzip – Spielregeln in Hierarchien

Wissen und Gewissen. Wehren Sie sich so gut es geht gegen Eingriffe der Unfähigen, von unten, von oben oder von der Seite und überhaupt aus allen Himmelsrichtungen.

Und: Schätzen Sie sich glücklich, wenn Sie Ihre Stufe der Unfähigkeit noch nicht erreicht haben. Als Unfähiger auf einem exponierten Platz zu sitzen und von jedermann beobachtet zu werden, muss schrecklich sein. Nicht wenige Führungskräfte lenken deshalb mit verbalen und sonstigen Attacken vom eigenen Elend ab.

Literaturtipp:
Peter, Laurence J.; Hull, Raymond: *Das Peter-Prinzip oder Die Hierarchie der Unfähigen*, Rowolth Verlag, 1972.

1 Grundlagen und Grundsätze

1.6 Der schmierige Weg nach oben – Karriere um jeden Preis?

Diese Lektion ist die letzte aus Kapitel 1 – Grundlagen und Grundsätze. Nachdem Sie die Regeln des Peter-Prinzips kennengelernt haben, sollten Sie noch etwas tiefer graben. Allzu oft bezahlen Führungskräfte einen zu hohen Preis für ihre Karriere, wissen vor einem Karriereschritt nicht, auf was sie sich einlassen und haben eine falsche Vorstellung in Bezug auf die »Nachhaltigkeit« von Macht und Erfolg. Am Ende dieser Einheit sollten Sie sich klar darüber sein, was Sie in Ihrem Ehrenamt oder Beruf wirklich erreichen wollen und was Ihnen die Sache wert ist. Diese Frage können natürlich nur Sie selbst beantworten. Dieses Kapitel gibt lediglich einen Denkanstoß, v. a. für Hauptamtliche.

Wie tief sinken viele, um zu steigen.
Daniel Spitzer

Was hülfe es dem Menschen, wenn er die ganze Welt gewönne und nähme doch Schaden an seiner Seele?
Jesus Christus, Die Bibel, Matthäus 16,26 (Luther 1984)

Ein Golfschläger! Wie um alles in der Welt konnten seine Kinder auf die Idee kommen, ihm einen Golfschläger zum Geburtstag zu schenken? Dass er seit einem Jahr diesem neuen (und zugegeben teuren) Hobby nachging, hatte nichts mit Lust und Liebe zu tun. Seine Frau beschwerte sich oft über die – in ihren Augen – unnötigen Ausgaben für die neue »Freizeitbeschäftigung«. Er aber war vorausschauend und spielte, weil sein neuer Chef mit seinem Freundeskreis dieser Freizeitbeschäftigung nachging. Insofern würde sich das Hobby irgendwann auszahlen. Schon nach dem ersten Samstag im Golfclub dämmerte ihm, dass es hier nicht um Sport ging. Vitamin B – Eine Hand wäscht die andere – Jeder Aufsteiger braucht seine Seilschaft. So funktioniert der Laden. Irgendwie tat ihm jeder leid, der diese Spielregeln nicht durchschaute. In diesem Laden hatte er es bis zum Rettungswachenleiter gebracht. Es war noch nicht so lange her, dass er sich als Praktikant auf dem Rettungswagen die Nächte um die Ohren schlug. Jetzt verfügte er über ein schickes Büro im zweiten Stock der Wache und die Distanz zur täglichen Praxis auf den Rettungswagen vergrößerte sich stetig. Gegen die Missstände in der Wache und im »System« wetterte er nur im Kreis der Kollegen, niemals gegenüber der Chefetage oder den Krankenkassen. Seiner Überzeugung nach konnte man auch nicht immer und überall »gerade Linie« fahren; kleine (auch faule) Kompromisse gehörten dazu.

1.6 Der schmierige Weg nach oben – Karriere um jeden Preis?

Seine Strategie war bis jetzt jedenfalls aufgegangen. Irgendwann würde auch seine Frau aufhören zu maulen. Zufrieden mit sich lehnte er sich in seinem Chefsessel und drehte den neuen Golfschläger in seiner Hand. Wieso konnten seine Kinder ihm nicht etwas anderes schenken?

Nichts gegen Karriere. Einzuwenden ist aus ethischer Sicht nur etwas gegen Karriere um jeden Preis. Es ist eine feine Sache, wenn jemand einen Arbeitsplatz entsprechend seinen Fähigkeiten und Neigungen findet bzw. in einer Behörde oder Organisation eingesetzt wird. Mit Weniger sollte man sich der Arbeitszufriedenheit halber auch nicht abfinden. Es ist jedoch eine ganz andere Sache, sich dafür zu verbiegen; zu diesem Zweck zum Speichellecker und Klinkenputzer zu werden. Obwohl man auf diese Tour das selbst gesteckte Ziel wahrscheinlich erreichen mag, bezahlt man dafür einen Preis. Dieser ist – mit Verstand betrachtet – in aller Regel zu hoch. Der Preis ist oft eine Einbuße an Kollegialität, Selbstachtung und eine Verletzung der eigenen Werte, die einem vielleicht zu einem früheren Zeitpunkt einmal wichtig waren. Zu viele Menschen hören auf die vielen falschen Stimmen, die ihnen einflüstern, die Sache sei diesen Preis wert. Diese Stimmen können von innen und von außen kommen. Es sind ganz oft der eigene (falsche) Ehrgeiz, die extravaganten Wünsche der Lebenspartnerin/des Lebenspartners und das Drängen oder die Minderwertigkeitskomplexe angesichts falscher Freunde mit einem höheren Lebensstandard, die die »Karriere um jeden Preis« so lukrativ erscheinen lassen.

Das Ganze endet oft wie im Märchen vom kalten Herz: Erst in der Rückschau erscheint einem der Ausgangspunkt seiner Reise als erstrebenswert. Und man stellt fest, dass eine steile Karriere keine Persönlichkeitsdefizite ausbügeln und eine grundsätzliche Lebensunzufriedenheit nicht habe beseitigen können. (Darauf könnte eigentlich jedes Kind kommen.) Nicht wenige stellen erst am Ende der Karriereleiter fest, dass in der Höhe die Luft dünner wird, dass es dort oben einsamer zugeht, der Umgangston sich nicht verbessert und die Ellenbogen spitzer werden. Auch die finanziellen Vorteile erscheinen im Rückblick nicht mehr so gewaltig und verlockend, denn die Wünsche und Bedürfnisse wachsen mit dem Einkommen.

Noch einmal: nichts gegen Karriere. Aber überschlagen Sie die Kosten. Sich morgens im Spiegel anschauen zu können, mit ruhigem Gewissen zu schlafen und aufrecht durchs Leben gehen zu können, ist von unschätzbarem Wert. Wenn Sie all das mit Ihrer Laufbahn vereinbaren können, Glückwunsch! Starten Sie durch und geben Sie Gas. Wenn nicht, schauen Sie, dass Sie nicht »vom Regen in eine Traufe kommen«, die von außen und auf den ersten Blick gar nicht wie eine Traufe aussieht. Auch wenn Sie gerade nicht vor einem Karriereschritt stehen, sollten Sie sich einmal überlegen, wo Sie am Ende Ihrer Laufbahn stehen wollen. Was

1 Grundlagen und Grundsätze

wünschen Sie sich, dass Kollegen und Kameraden über Sie sagen, wenn Sie in den Ruhestand wechseln?

Die Möglichkeiten, in Feuerwehr und Rettungsdienst wirklich steil Karriere zu machen, sind oft sehr begrenzt. Vielleicht ist ein Karriereschritt mit einem Wohnortwechsel oder einer zusätzlichen Ausbildung verbunden. Solche Entscheidungen sind immer komplexer als gedacht und für Sie persönlich von so großer Tragweite, dass Sie ein Hilfsmittel für die Überlegungen benutzen sollten. Damit umgehen Sie auch die Verlockung, sich selbst Dinge schön zu reden und sich etwas vorzumachen. Ich selbst habe diese einfache Methode oft benutzt und empfohlen. Hier die Anleitung:

- Nehmen Sie sich eine kleine Auszeit, ein leeres Blatt Papier oder öffnen Sie eine neue Datei und legen eine Tabelle an mit mindestens drei Zeilen und drei Spalten.
- In Spalte 1 gehören möglichst vollständig alle Kriterien, die für Ihre persönliche Entscheidung zu Grunde liegen. Das könnte z. B. sein: tatsächlich erzieltes Einkommen, Fahrtzeit von und zur Arbeit, Arbeitszufriedenheit, geistige Auslastung, Arbeitsbelastung (bezogen auf das Lebensalter), Renteneintritt, Zeit für die Kinder, Flexibilität usw.
- In den Kopf der Spalte 2 gehört der Titel von Variante 1, der Ihren aktuellen Status widergibt (z. B. »Status quo« oder »Alles beim Alten lassen«)
- In den Kopf der Spalte 3 gehört die Alternative zu Spalte 2 (z. B. »Zur Feuerwehr XY wechseln«). Gibt es für Sie mehrere Alternativen zum Status quo, fügen Sie jeweils eine weitere Spalte an.
- Füllen Sie die Tabelle nun mit Zahlenwerten. Vergeben Sie nach eigenem Ermessen Punkte je nach Gewicht. Beachten Sie unbedingt, dass sich Prioritäten ändern können. Zum Beispiel kann Ihnen das Kriterium »Zeit für die Familie« momentan 300 Punkte wert sein. Wenn in ein paar Jahren die Kinder »aus dem Haus« sind, können es nur noch 100 sein.
- Ganz zum Schluss und ohne vorher danach zu schielen, bilden sie die Summe aus den Werten in den einzelnen Spalten. Die Spalte mit den meisten Punkten ist Ihr Favorit. Herzlichen Glückwunsch: Jetzt haben Sie ein objektiviertes Ergebnis. Nach dieser kleinen Mühe haben Sie mehr erreicht als in allen durchgrübelten Nächten.
- Vergessen Sie nicht, diese Tabelle mit Ihrer Partnerin/Ihrem Partner zu besprechen. Vielleicht wollen und müssen Sie danach Kriterien hinzufügen oder Werte korrigieren.

1.6 Der schmierige Weg nach oben – Karriere um jeden Preis?

Tabelle 1:

	Variante 1		Variante 2		Variante n	
	[Name]	[Gewichtung]	[Name]	[Gewichtung]	[Name]	[Gewichtung]
Kriterium 1 [Name]						
Kriterium 2 [Name]						
Kriterium n [Name]						
	Summe		**Summe**		**Summe**	

2 Qualitäten und Qualifikationen

2.1 Musst du ein Schwein sein? – charakterliche Anforderungen

Diese Einheit soll verdeutlichen, wie wichtig Charakter und Persönlichkeit für Ihre eigene Führungsarbeit und die anderer Leute sind. Bei Ihrer täglichen Arbeit stehen häufig Konzepte, Techniken und Methoden im Vordergrund. Verlieren Sie sich nicht darin und erinnern Sie sich regelmäßig daran, dass es letztendlich immer um Menschen geht. Und zwar auf der Seite ihrer Mitarbeiter und auf der Seite der Menschen, die unsere Dienste in Anspruch nehmen.

Methoden mag es eine Million geben oder noch mehr, aber Prinzipien gibt es nur wenige. Wer Prinzipien begreift, kann seine eigenen Methoden auswählen. […] Wer Methoden ausprobiert und Prinzipien ignoriert, wird […] Probleme bekommen.
Ralph Waldo Emerson

Jede Gabe ist ein Geschenk Gottes, der Charakter aber ein Produkt der eigenen Seele, weshalb Gaben entzücken, Charaktere aber geliebt werden.
Adalbert Stifter

Willst du den Charakter eines Menschen kennlernen, so gib ihm Macht.
Abraham Lincoln

Das mit echter Tinte von Hand geschriebene Namensschild auf der blütenweißen Tischdecke machte Eindruck. Die angenehm ruhige Atmosphäre steckte alle Gäste der Führungskräfte-Tagung an. Ab und an braucht man eine solche Auszeit und man braucht einen Rahmen, in dem man neue Impulse erhält und sich selbst hinterfragen kann. Das war den Gastgebern in dem Kongressraum eines namhaften Hotels in einer ostdeutschen Großstadt zweifellos gelungen. Man hatte einen Generaldirektor eines Weltkonzerns als Referenten gewinnen können und was ich von ihm zu hören bekam, hätte ich so nicht erwartet, mich selbst nicht zu sagen getraut, aber schon immer irgendwie gewusst. Die wichtigste charakterliche Qualifikation einer Führungskraft sei Nächstenliebe. Wer Menschen nicht lieben könne, könne sie auch nicht führen – er solle es bitte auch nicht versuchen. Wer nichts für Menschen übrig habe, könne sie zwar kommandieren, aber nicht führen. Führung und Leitung seien zwei

2.1 Musst du ein Schwein sein? – charakterliche Anforderungen

grundverschiedene Dinge und der Begriff Leiterschaft eine Fehlübersetzung des englischen Begriffs Leadership. Und jetzt das wichtigste: Führungsarbeit, Führungskompetenz oder Führungserfolg bestehe zu achtzig Prozent aus Charakter und nur zu zwanzig Prozent aus Fachwissen. Hätten sie das gedacht?

Heute, nach vielen Jahren Beschäftigung mit dem Thema dieses Buches und ein wenig mehr an eigener Lebens- und Führungserfahrung, kann ich diese Thesen nur bejahen. Wir stehen aktuell in der Personalführung vor großen Herausforderungen; im Haupt- und auch im Ehrenamt: Woher gute Leute nehmen, wenn die Leistungsträger alle in Lohn und Brot sind und die Arbeitswelt immer fordernder wird? Wie werden wir effektiver, wenn alle Methoden des Zeitmanagements ausgereizt sind? Welche Anreize bieten wir, wenn hergebrachte Anreize nicht mehr ziehen? Wie stellen wir Kontinuität sicher, wenn Stellen immer schneller neu besetzt werden? Was fangen wir mit Kollegen und Kameraden an, die zu nichts zu gebrauchen sind?

Nach der Lektüre »hunderter« Literaturquellen und unzähligen Gesprächen mit Kameraden und Kollegen über die Zukunft unserer Feuerwehren und privaten Hilfsorganisationen beschleicht mich der dringende Verdacht, dass sich auch unsere Probleme der Gegenwart nur zu zwanzig Prozent mittels Fachwissen und neuen Methoden und Organisationsformen lösen lassen. Die restlichen achtzig Prozent muss Charakterstärke bei den führenden Köpfen richten.

Die von mir im Jahr 2009 durchgeführte Online-Befragung von 1.000 deutschen Angehörigen der Feuerwehr bestätigt dieses Bild (Müller, 2009): Die »harten«, d. h. messbaren Faktoren (Tageseinsatzbereitschaft, Erreichungsgrad der Schutzziele, Funktionsträgermangel, Finanzsorgen) sind ein Teil unserer Probleme, die »weichen« Faktoren (Zwischenmenschliches, Generationenkonflikte, Führungsfehler) ein anderer. Letztere werden jedoch schneller als unabänderliche Gegebenheit und viel seltener als Gestaltungsfeld wahrgenommen. Unzählige gute Funktionsträger und Führungskräfte im Ehrenamt »schmeißen hin«, weil zwischenmenschliche Konflikte und Kompetenzmängel bei anderen Führungskräften ihnen die Freude an der Arbeit verleiden.

Diese Tatsache hat eine gute und eine schlechte Seite. Die schlechte zuerst: Weil Führung zum großen Teil eine Charaktersache ist, können Sie durch organisatorische, taktische, strukturelle und technische Anstrengungen wenig beeinflussen. Wenn Sie einmal versucht haben, mit Methoden nicht vorhandenen Charakter zu ersetzen bzw. auszubügeln, verstehen Sie, was ich meine. Es funktioniert nicht. Der Charakter eines Menschen steht in der Regel unverrückbar wie der Fels in der Brandung. Mit zunehmendem Lebensalter wird das beim Einzelnen nicht besser.

Mit einem weiteren Vorurteil muss an dieser Stelle aufgeräumt werden: »Erwachsene Menschen kann man erziehen.« Die Lebenserfahrung sagt uns, dass die

2 Qualitäten und Qualifikationen

Charakterbildung eines Menschen bereits im Kindheits- oder frühen Jugendalter abgeschlossen wird. Danach gelingt es nur noch unter Mühe und unter Schmerzen (z. B. durch erfahrenes Leid im eigenen Leben), sich wirklich grundlegend zu wandeln. Danach hat auch kaum noch jemand ein echtes Interesse, jemanden zu erziehen. Es können in Wirklichkeit nur die Eltern sein, denen an ihren Kindern und deren (Charakter-)Bildung selbst gelegen ist. Wenn Sie selbst Vater oder Mutter sind, ahnen Sie etwas von dieser gewaltigen Verantwortung? Lehrern, Vorgesetzten, Arbeitgebern, Dienstherren ist mit ganz wenigen Ausnahmen nur an Ergebnissen, am Nutzen für die Organisation gelegen, nicht am Arbeitnehmer als Menschen an sich. Mehr wäre auch zu viel verlangt. Lehrer in der Schule können nicht ausbügeln, was Eltern zuhause an ihren Kindern unterlassen und versäumen. (Genau das wird aber oft erwartet oder sogar lautstark verlangt; und das kurioserweise von denjenigen, die am wenigsten Zeit und Kraft in ihre eigenen Kinder investieren.)

Auch in Ihrer Feuerwehr oder in Ihrer Hilfsorganisation sind zuerst Sie selbst und jeder andere Mitarbeiter für das gute Klima, das Zwischenmenschliche, das Miteinander zuständig; die dienstliche Leitung nur insofern, als sie einen Rahmen dafür schaffen kann. Sagen Sie das Ihren wehklagenden Mitarbeitern, die während des Mittagessens das Smartphone nicht beiseitelegen können und sich gleichzeitig beschweren, dass das Miteinander schlechter wird.

Die gute Nachricht zum Schluss: Weil Führung zuerst Charaktersache ist, brauchen Sie für den Erfolg Ihrer Führungsarbeit keine methodischen oder organisatorischen Kunstgriffe oder Zaubertricks anzuwenden. Sie brauchen für den Erfolg Ihrer Organisation oder Unternehmung einfach nur gute Leute. Daher ist das Feld der Nachwuchsgewinnung und Personalentwicklung eine Kernführungsaufgabe, egal wie Sie dieses Kind nennen mögen. Und darum müssen Sie sich auch Freiräume für diese wichtige Aufgabe schaffen. Viele Ihrer derzeitigen Probleme klären sich dann ganz von allein.

Was Sie selbst als Führungskraft ganz persönlich angeht, sollten Sie wissen, dass Ihre unterstellten Mitarbeiter bzw. Kameraden sich mit Ihnen identifizieren möchten, und zwar nach innen (gegenüber anderen Ortsfeuerwehren, Abteilungen, Wachen) und nach außen (gegenüber der Gemeinde, dem Kreisverband, dem Hilfesuchenden). Jeder in Ihrer Truppe ahnt zumindest oder weiß, dass man von Ihnen weniger Fachwissen verlangen kann, je weiter oben Sie in der Hierarchie stehen. Aber Charakter und Integrität wird man umso mehr erwarten und verlangen. Rechtfertigen Sie dieses Vertrauen; erfüllen Sie diesen Wunsch!

2.1 Musst du ein Schwein sein? – charakterliche Anforderungen

1. Die These, dass man erwachsene Menschen nicht mehr erziehen kann, ist nicht unumstritten. Bringen Sie dieses Thema einmal im Kreis von Führungskräften ins Gespräch.
   - Welche Möglichkeiten haben Vorgesetzte, überhaupt Einfluss auf ihre Mitarbeiter zu nehmen?
   - Was kann man bei »problematischen« Mitarbeitern wirklich ändern; den Charakter, die Persönlichkeit, das Verhalten?
   - Wie geht man mit Mitarbeitern um, die sich verweigern und bei denen keine Druckmittel greifen?
   - Wie erreicht man, dass weiter gut gearbeitet wird, auch wenn der Vorgesetzte nicht vor Ort ist?
   - Was ist Ihnen lieber: Ein fachlicher hervorragender Mitarbeiter/ Vorgesetzter mit deutlichen Charaktermängeln oder ein gutmütiger, umgänglicher Kollege, der eine fachliche Niete ist?
2. Überlegen Sie einmal, wo man in Ihrer Behörde, Dienststelle oder Organisation in der letzten Zeit versucht hat, Charaktermängel durch Methoden auszubügeln.
   - Sind Sie z. B. selbst auf Seminaren gewesen, in denen Ihnen Instrumente zur Mitarbeiterführung nahegebracht wurden?
   - Haben Sie den Eindruck, dass diese Instrumente im Alltag Ihren Zweck auch erfüllen? Wenn nein, warum nicht?
   - Unter welchen Voraussetzungen könnten solche Seminare und Lehrgänge erst ihren Zweck erfüllen?

Nicht alle Ihrer Büroaufgaben sind hochwichtig und brandeilig. Lassen Sie den Aktenberg einmal Aktenberg sein und verbringen Sie stattdessen Zeit mit Ihren Leuten. Das ist keine Zeitverschwendung. Fragen Sie nach der Arbeitszufriedenheit. Hören Sie aufmerksam zu. Zeigen Sie echtes Interesse. Im Ehrenamt: Verdeutlichen Sie sich die Bedeutung der Anstrengungen, gute Leute auszuwählen, heranzubilden, nachzuziehen.

Literaturtipp:
Gris, Richard: Die Weiterbildungslüge: Warum Seminare und Trainings Kapital vernichten und Karrieren knicken, Campus Verlag, 2008.

2 Qualitäten und Qualifikationen

2.2 Erziehung ist sinnlos – Vorbilder und Nachahmer

Bei jeder Führungskraft und in jeder Branche stellt sich nach einem unbestimmten Zeitraum eine Form von Betriebsblindheit ein. Man merkt selbst nicht mehr, wie man auf andere Menschen wirkt. Je weiter man in einer Hierarchie aufsteigt, nimmt die Zahl der Leute ab, die einem ehrlich die Meinung sagen. Diese Lektion soll Sie an Ihre Bedeutung als Vorbild erinnern. In gewisser Weise ist jeder Vorgesetzte immer auch Vorbild – im positiven wie im negativen Sinne. Sie werden zu keiner Zeit gar keine Wirkung hinterlassen. Lassen Sie sich die Augen öffnen und erkennen Sie, wie andere Menschen sich ein Beispiel an Ihnen nehmen – ein gutes oder ein schlechtes. Lernen Sie anschließend zu beobachten, wie Ihr Vorbild Wirkung zeigt.

Bevor ihr den Menschen predigt, wie sie sein sollen, zeigt es ihnen an euch selbst.
Fjodor Dostojewski

Die Geschichte kennt mehr Vorbilder von treuen Hunden denn von treuen Menschen.
Alexander Pope

Wer Vorbild in der Gesellschaft ist, muss nicht mehr ihr Werkzeug sein.
Joseph Joubert

Scheinbar hatte ihn bis heute noch niemand in Zivil und in Begleitung seines Hundes gesehen, obwohl er das Haustier gelegentlich erwähnt hatte. Augenblicklich richteten sich alle anwesenden Augenpaare auf ihn, dann auf den Hund und wieder auf ihn. Die Ähnlichkeit war nicht zu leugnen! Über die Jahre hatten sich die Gesichtszüge von Hund und Herrchen immer mehr angeglichen. Man kennt das von Ehepaaren, die Jahrzehnte verheiratet sind. Vor seiner Zeit als stellvertretender Wachleiter einer mittelgroßen Berufsfeuerwehr hatte er häufig Prügel einstecken müssen und lief dann oft sprichwörtlich herum wie ein geprügelter Hund. Später sah er sich in der glücklichen Lage, etwas davon an seine Mitarbeiter zurückgeben zu dürfen, das heißt: endlich selbst zu prügeln. Er hatte gelernt zu kläffen, zu bellen und notfalls auch zu beißen. Seine Mitarbeiter wiederum hatten sich auf sein Verhalten eingestellt. Sie reizten ihn niemals oder nur aus sicherem Abstand, hielten ihre Köpfe unten und standen still. Sein Gespür, zum richtigen Zeitpunkt den Schwanz auch einmal einzuziehen, hatte ihm trotz seiner offenkundigen Inkompetenz zwei Beförderungen eingebracht. Mit den Ehrenamtlichen der Freiwilligen Feuerwehren in seinem Wachbezirk hatte er weniger leichtes Spiel. Die trösteten sich mit den

2.2 Erziehung ist sinnlos – Vorbilder und Nachahmer

Bemerkungen, »dass hohle Fässer wohl am lautesten poltern« und »dass Hunde, die bellen, nicht beißen würden«. Heute, auf der Weihnachtsfeier der Feuerwache, bestand keine Notwendigkeit, seine Mitarbeiter zusammen zu stauchen. Seine Gesichtszüge waren allerdings unkorrigierbar geworden wie die eines Filmstars nach der dreizehnten Schönheits-Operation. (Sein Hund war ein Boxer.)

Dieses Negativ-Beispiel soll auf einen einfachen Zusammenhang hinweisen: Egal, was wir tun, unsere Mitmenschen werden sich immer auf unser Verhalten einstellen. Es funktioniert im Zwischenmenschlichen wie in der Physik: Jede Aktion ruft eine Reaktion hervor. Auch Ihr Verhalten ist zum großen Teil eine Reaktion auf Ihre Erlebnisse, v. a. in Ihren Beziehungen. Die Qualität Ihrer Beziehungen im Berufsleben spiegelt ganz direkt die Qualität Ihrer Beziehungen im Privaten wieder. Wiederum spiegelt auch das Verhalten Ihrer Mitarbeiter/Kameraden deren eigene Beziehungen privat und beruflich wieder. Obiges Exempel ist natürlich ein Negativbeispiel.

Wichtig für jede halbwegs erwachsene und gereifte Persönlichkeit ist die Erkenntnis, dass wir nicht alle nur Opfer unserer Verhältnisse sind und dass wir durchaus zumindest versuchen können, über unsere Schatten und Schattenseiten zu springen. Schon die Bemühung dazu wird in der Regel anerkannt. Wiederum gehören ein langer Atem und eine große Portion Charakter dazu, eigenen Negativvorbildern dauerhaft zu widerstehen und sich nicht unterkriegen zu lassen.

Vorbild sein ist eine Leistung. Wenn Sie mit offenen Augen durch die Welt gehen, werden Sie schnell feststellen, dass in allen Bereichen unserer Gesellschaft ein eklatanter Mangel an Vorbildern besteht. Zu viele Menschen antworten auf die Frage nach eigenen Vorbildern aus der Politik oder der Wirtschaft nur mit einem ahnungslosen Achselzucken. Oft werden nach langem Nachdenken Menschen genannt, die leider nicht mehr unter uns sind, wie etwa Altbundeskanzler Helmut Schmidt. Ich habe diese Frage immer wieder einmal gestellt und nur ein Kollege nannte den Amtsleiter seiner Feuerwehr als persönliches Vorbild. Wenn Sie ehrlich in sich gehen, werden Sie vermutlich feststellen, dass nur echte Vorbilder in der Lage waren, in Ihnen selbst Begeisterung und dauerhaftes Engagement für Ihren Beruf bzw. Ihr Ehrenamt zu wecken.

Woher kommt nun der Mangel an Vorbildern und Identifikationsfiguren? Vorbilder ragen schon vom Wortsinn her zwangsweise immer in irgendeiner Form aus Durchschnitt und Mittelmaß heraus. Ist es unsere »Konsumgesellschaft«, die nur noch konturlose Menschen von der Stange hervorbringt? Produzieren wir auch als Gesellschaft nur noch billige Kopien anstelle unverwechselbarer Originale? Ist es unsere »Wohlstandsgesellschaft«, die mit ihren Annehmlichkeiten der Selbstzufriedenheit Vorschub leistet und das »Über-sich-Hinauswachsen« in Mangel- und Krisenzeiten

2 Qualitäten und Qualifikationen

erfolgreich verhindert? Ist es die »Ellenbogengesellschaft«, die jedem irgendwie Herausragenden einen Rippenstoß versetzt, dass er wieder in der Reihe tanzt?

Was auch immer die Ursache ist, der Mensch ist keinesfalls nur und immer das Produkt bzw. das Opfer seiner Verhältnisse. Und auch ohne die präzise Antwort auf obige Frage zu kennen, kann doch jeder zum Vorbild werden. Es ist anstrengend, aber es lohnt sich. Die Welt hungert nach echten Vorbildern. Diejenigen, die uns täglich im (Privat-)Fernsehen vor Augen geführt werden, taugen nicht als Orientierungsmaßstäbe und Identifikationsfiguren. Schon deshalb nicht, weil sie nicht auf Augenhöhe mit uns sind, weil sie schauspielern und schon morgen vom zeitgeistgebeutelten Mediengeschäft ausgespuckt werden.

Vorbild sein kostet etwas – konkret Zeit, Nerven und manchmal auch Geld. Was manche Firma heute als Coaching-Programm für teures Geld einkauft und manche Verwaltung als Führungskräfte-Förderprogramm durchzieht, beruht in seinem Erfolg auf nichts anderem als der guten alten Vorbildwirkung. Bleiben am Schluss einige Grundsatzfragen: Sind Sie selber bereit, in sich selbst und dann sich selbst zu investieren? Wollen Sie wirklich mehr in diese Welt und Ihre Organisation hineingeben, als Sie herausbekommen? Können Sie sich einen »Charaktervorsprung« verschaffen? Sind Sie in allem echt und hinterfragbar oder produzieren Sie nur heiße Luft? Echt sein (Authentizität), nicht Perfektion und schon gar nicht Perfektionismus ist genau das, was andere sich von Ihnen als Identifikationsfigur wünschen. Und das wäre ein guter Anfang für Ihre Wirkung als Vorbild.

Sie können Ihre eigene Vorbildwirkung entwickeln, entfalten und ausbauen; ohne Geld, ohne Psychotricks, ohne Verwaltungsaufwand, ohne Anweisung. Die folgenden Punkte sollen Ihnen dabei helfen:

1. Suchen Sie sich eine einzelne Person (einen Auszubildenden, einen Praktikanten, Ihren Stellvertreter) oder eine ganze Gruppe (Ihre Wachschicht, Ihre Abteilung) und überlegen Sie, was Sie als Führungskraft in Ihrem Charakter den Anderen voraushaben sollten und wie Sie gute Maßstäbe setzen können. Schreiben Sie diese Eigenschaft/diese Kompetenz auf, wenn Sie mögen. Das kann beispielsweise sein: ein Mehr an Entscheidungsfreude, Entschlusskraft, persönlicher Reife, Sozialkompetenz, Methodenkompetenz (richtig moderieren, delegieren, Konfliktlösung) usw. Wenn Sie mit den Betreffenden zum nächsten Dienst oder zur nächsten Beratung zusammenkommen, versuchen Sie, genau diese Eigenschaften an den Tag zu legen.
2. Es ist wie beim Loben: Behalten Sie das als richtig erkannte im Hinterkopf und suchen Sie in Ihrer täglichen Arbeit nach kleinen Gelegenheiten.

2.2 Erziehung ist sinnlos – Vorbilder und Nachahmer

Nehmen Sie die Gedanken aus 1. mit zum Dienst. Eine Person oder Aufgabe in jedem Dienst/in jeder Schicht reicht. Verhalten Sie sich dann einfach so, wie es Ihnen als richtig erscheint. Das haben Sie schon immer getan. Nun sollten Sie verstärkt die Auswirkungen Ihres Verhaltens auf Ihre Mitarbeiter im Hinterkopf behalten und beobachten, was dabei herauskommt.

Sie haben die Garantie, dass Sie auf diesem unscheinbaren Weg und mit diesen bescheidenen Mitteln auf die Dauer Ihren Einflussbereich verändern. Nur eines dürfen Sie nicht erwarten: Beifall oder Dank. Undank ist auch heute noch der Welten Lohn und Ihre gute Arbeit wird man schweigend zur Kenntnis nehmen.

Führungskraft zu sein, ist an sich eine Verpflichtung zur Vorbildwirkung. Das belegt zum Beispiel auch die Zentrale Dienstvorschrift über »Innere Führung« der Bundeswehr. Hier wird per Dienstanweisung (!) unter Punkt 3 die Vorbildfunktion sogar allen Vorgesetzten zugewiesen. (Innere Führung – Selbstverständnis und Führungskultur der Bundeswehr, 2008):

»Ich bin Vorgesetzter bzw. Vorgesetzte in der Bundeswehr. Damit sind mir besondere Befugnisse, aber auch Pflichten übertragen.

1. Ich achte und schütze die Menschenwürde.
2. Ich bin an Recht, Gesetz und mein Gewissen gebunden und trage für mein Handeln die Verantwortung.
3. Ich bin Vorbild in Haltung und Pflichterfüllung und teile mit meinen Untergebenen Härten und Entbehrungen.
4. Ich setze meine Befehle in angemessener Weise durch und kontrolliere ihre Ausführung.
5. Ich schaffe die Voraussetzungen für gegenseitiges Vertrauen.
6. Ich bilde meine Soldatinnen und Soldaten bestmöglich aus und fordere sie angemessen unter Beachtung der Menschenwürde, Gesetze, Dienstvorschriften und Sicherheitsbestimmungen.
7. Ich führe partnerschaftlich. Ich nutze die Fähigkeiten und Fertigkeiten meiner Soldatinnen und Soldaten und beteilige sie wann immer möglich an meiner Entscheidungsfindung.
8. Ich kenne meine Soldatinnen und Soldaten und nehme mich ihrer Sorgen und Nöte an.
9. Ich informiere meine Soldatinnen und Soldaten und mache ihnen meine Befehle einsichtig.
10. Ich suche das Gespräch mit meinen Soldatinnen und Soldaten und bin für sie stets ansprechbar.«

2 Qualitäten und Qualifikationen

Interessant ist auch die Vorgabe unter 7. in Bezug auf den Führungsstil. Gleichen sie diese Forderung einmal mit der Feuerwehr-Dienstvorschrift 100 ab.

- Welcher Führungsstil der Feuerwehr kommt dort dem »partnerschaftlichen« Führen der Bundeswehr am nächsten?
- Was fordert die FwDV 100 überhaupt zu diesem Thema?
- Wo sonst kann ich als Feuerwehrmann/Rettungsdienstler in Bezug auf die ZDv10/1 der Bundeswehr eine Anregung für meine Führungspraxis aufnehmen?

2.3 Mist gebaut, und dann? – Umgang mit Fehlern

Sie haben seit Ihrer Kindheit Verhaltensweisen erlernt und verinnerlicht, wie mit Versagen, Schuld und Fehlern umzugehen ist. Diese Art und Weise kann für Sie selbst und für andere entweder nützlich oder schädlich, gewinnbringend oder vernichtend sein. Als Führungskraft kommen Sie mit eigenen Fehlern in Berührung (wenn Sie diese selbst bemerken oder gesagt bekommen) und mit den Fehlern Ihrer Mitarbeiter. Diese Einheit soll Ihnen helfen, Ihren Umgang mit Versagen zu hinterfragen und wenn nötig, einen besseren Weg einzuschlagen.

Irren ist menschlich, aber aus Leidenschaft im Irrtum zu verharren ist teuflisch.
Aurelius Augustinus

Wer wirklich Autorität hat, wird sich nicht scheuen, auch Fehler zuzugeben.
Bertrand Russell

Da trat Petrus hinzu und sprach zu [Jesus]: Herr, wie oft muss ich denn meinem Bruder, der an mir sündigt, vergeben? Ist's genug siebenmal? Jesus sprach zu ihm: Ich sage dir: nicht siebenmal, sondern siebzigmal siebenmal.
Die Bibel, Matthäus 18,21-22 (Luther 2017)

Er war genau das, was man gewöhnlich als »Machtmensch« bezeichnen würde. Vor allem sein eigenes Selbstbewusstsein bescheinigte ihm ein gesundes Urteilsvermögen, einen hohen Gerechtigkeitssinn und einen feuerwehrtechnischen Weitblick. Stufe um Stufe hatte er sich in seiner Berufsfeuerwehr innerhalb von zwanzig Jahren von ganz unten zum Fachbereichsleiter hochgearbeitet. In seiner Persönlichkeitsentwicklung war er allerdings irgendwo beim Alter zwischen 10 und 15 Jahren stehen geblieben. Seine kräftige Statur, seine breiten Schultern und sein energisches Auftreten standen oft im Widerspruch zu seinem Verhalten als beleidigtes Kind. Mit dem Fuß stampfte er nicht auf, aber wegen einer Kleinigkeit konnte er »von jetzt auf gleich« völlig außer sich geraten. Das verursachte regelmäßig Probleme mit seinen Unterstellten, die er oft wie Fußabtreter behandelte. Was seine Leute oft irritierte: Er konnte durchaus auch kollegial sein und sich sogar freundschaftlich und ausgesprochen fürsorglich verhalten, aber seine Gemütsschwankungen im Dienst waren eben nicht kalkulierbar. Auch in seiner Ehe hatten sein Verhalten Spuren hinterlassen, worunter wiederum seine Unterstellten zu leiden hatten. Weil er es mitunter am Mittagstisch erzählte, konnte man ein einfaches Muster ausmachen: Frieden zuhause

– Frieden im Dienst; Krieg zuhause – Krieg im Dienst. Mittlerweile zog sein Verhalten Kreise, v. a. weil sich einige Kollegen seine Ausbrüche nicht mehr gefallen ließen. Sie schrien zurück, was aber nur stimulierend wirkte. Für ihn waren diese Schlagabtausche offenbar eine Art Sport. Schließlich kam seinem direkten Vorgesetzten der rettende Einfall: Ein Führungskräfte-Seminar über Konfliktbewältigung außer Haus und mit einem externen Referenten. Überraschenderweise ging er bereitwillig hin (»alles gediente Zeit«) und schrieb sogar fleißig mit. Einen ganzen Ordner mit großzügig kopierten Unterlagen und ausgedruckten Präsentationen schob er nach dem Seminar etwas zögerlich in seinen Aktenschrank, den Ordnerrücken säuberlich beschriftet. Zurück im Feuerwehralltag hatte schon nach zwei Wochen die Praxis die Theorie wieder eingeholt.

Was war hier falsch gelaufen? Warum erreichen teure Schulungen zu sozialen Kompetenzen überhaupt so selten ihren Zweck? Der Grund: Das an sich gute Seminar im Beispiel vermittelte Grundlagen über Konflikte, dann Methoden und Techniken damit umzugehen. Der Kardinalfehler: Man hatte angenommen, Charakter durch Methoden ersetzen zu können. Man war nicht bis zum Grund des Problems vorgedrungen und hatte sich eingebildet, mit Techniken Persönlichkeitsfehler korrigieren zu können. Ich nenne das die Charakterfalle. Daher spare ich mir an dieser Stelle die Ausbreitung von Konfliktlösungsstrategien und lade wiederum auf die persönliche Ebene ein: Reflektieren Sie beim Umgang mit Schwächen, Schuld und Fehlern von Ihren Mitmenschen und sich selbst die psychologischen Grundwahrheiten, die beispielsweise in der Bibel enthalten sind.

Erwarten Sie erstens nicht zu viel von Menschen; auch nicht von sich selbst. Niemand ist perfekt. Alle machen Fehler. Wir sind allesamt Sünder. Das ist kein Kompliment, aber unglaublich entlastend, entspannend und schützt vor tausend Enttäuschungen am Arbeitsplatz, aber auch in Partnerschaften. Wir sind Menschen, deshalb machen wir Fehler. So einfach ist das. Angesichts von Versagen und Schuld sollten wir daher nicht außer Rand und Band geraten; wir sollten das vielmehr sogar erwarten.

Das wiederum soll zweitens nicht heißen, dass man darüber einfach hinweg gehen und sehen muss. Ignorieren Sie Versagen und Fehler nicht einfach. Die Methode »Schwamm drüber« oder »unter den Teppich kehren« ist auch nicht das Mittel der Wahl. Eine gute Grundregel stammt wiederum aus der Bibel: »Langsam sein zum Zorn und schnell zur Vergebung«. Die meisten Mitmenschen wissen um Schwächen und Fehler bei sich selbst; meist tun sie ihnen auch ehrlich leid und sie ärgern sich selbst mehr darüber, als es der Vorgesetzte tut. Angezeigt ist dann auf der Seite des Chefs guter Wille und Vergebungsbereitschaft. Wenn Sie allerdings

2.3 Mist gebaut, und dann? – Umgang mit Fehlern

nicht um Verzeihung gebeten worden sind, besteht auch keine Pflicht zum Vergeben.

Für den Umgang mit geschehen Fehlern und Versäumnissen gibt es auch bewährte Regeln: »Schieben Sie nichts auf die lange Bank.« Klären Sie Schuld und Versagen baldmöglichst und schleppen Sie sich nicht damit herum. Warten Sie nicht bis zum nächsten Dienst oder sogar bis nach dem langen Wochenende oder Urlaub. Lassen Sie sich nicht das Betriebsklima verhageln. Vereinbaren Sie ein Gespräch/eine Aussprache, eine Wiedergutmachung und setzen Sie ein Ziel, damit so etwas nicht wieder vorkommt.

Viele Menschen sind sehr gut darin, Schuld von anderen im Kopf zu speichern und diese bei unpassender Gelegenheit wieder hervorzukramen. Wenn es die oben genannte Aussprache gegeben hat, Einsicht vorhanden war und Wiedergutmachung geschehen ist, besteht Anspruch auf Vergessen. Erinnern Sie andere nicht ständig an Ihre Fehler und holen Sie vergangene Schuld nie wieder hoch (auch nicht durch Anspielungen). Wenn das Gegenteil der Fall ist, krasse Uneinsichtigkeit vorliegt und alles nichts hilft: Siehe Kapitel 5.1 Umgang mit Problemfällen.

Auf die Gefahr hin, als Abschreiber zu gelten, gebe ich unten ein längeres Zitat von Charles Haddon Spurgeon wieder (Spurgeon, 2018), das in seinem Buch »Guter Rat für allerlei Leute« unter der Überschrift Fehler steht. (Der altmodische Schreibstil rührt daher, dass der Text ca. zwei Jahrhunderte auf dem Buckel hat.) Wenn wir uns die folgenden einfachen Weisheiten zu eigen machen würden, wären uns viele Konflikte fremd:

»Wer sich rühmt, dass er vollkommen sei, der ist ein vollkommener Narr. Ich habe mich schon ein gutes Stück in der Welt umgesehen, aber ich habe noch nie ein vollkommenes Pferd gesehen oder einen vollkommenen Menschen, und ich werde es auch nie, solange nicht zwei Sonntage auf einen Tag fallen. [...] Wenn wir immer daran denken würden, dass wir uns unter unvollkommenen Menschen in der Welt bewegen, so würden wir nicht in solche Aufregung geraten, wenn wir die Fehler unserer Freunde bemerken. [...] Die besten Menschen sind im besten Falle immer nur Menschen, und auch das beste Wachs schmilzt. [...] Es ist töricht, sich von einem bewährten Freund wegen einiger Fehler zu trennen, denn man mag einen einäugigen Gaul los werden und einen blinden dafür kaufen. [...] Da wir alle voller Fehler sind, sollten wir es lernen, uns gegenseitig zu ertragen [...] Die Unvollkommenheiten anderer Menschen zeigen uns unsere eigenen Unvollkommenheiten, denn ein Schaf ist so ziemlich wie das andere. Wir sollten unsere Mitmenschen wie Spiegel gebrauchen, in denen wir unsere eigenen Fehler erkennen, und das in uns selbst bessern, was wir an ihnen wahrnehmen. Ich habe keine Geduld mit denen, die ihre

2 Qualitäten und Qualifikationen

Nasen in jedermanns Haus stecken, um seine Fehler zu erschnüffeln, und die Vergrößerungsgläser benutzen, um die Fehler ihrer Nachbarn herauszufinden. Solche Leute sollten lieber zu Hause herumsuchen, sie könnten den Teufel da finden, wo sie ihn wenig erwartet haben. [...] Es wäre weitaus angenehmer – wenigstens für die anderen –, wenn die Fehlerjäger ihre Hunde dazu abrichten würden, die guten Seiten anderer Leute aufzuspüren. Was unsere eigenen Fehler betrifft, so würden wir eine ziemlich große Schiefertafel haben müssen, um sie darauf verzeichnen zu können. So lasst uns also nicht verzagt einhergehen, sondern hoffen, dass wir leben und lernen und noch, ehe wir sterben, einiges Gutes werden tun können. Wenn auch die Karre zuweilen knarrt, so wird sie doch mit ihrer Last nach Hause kommen, und das alte Pferd wird, obwohl es die Knie gebrochen hat, doch noch ein wahres Wunderwerk verrichten. Es nützt nichts, uns hinzulegen und nichts zu tun, weil wir nicht alles so tun können, wie wir es möchten.« Dem ist nichts hinzuzufügen.

Lesen Sie den Text von C. H. Spurgeon noch einmal durch. Sie können hier mindestens fünf Prinzipien für den Umgang mit Fehlern ausmachen. Formulieren Sie für sich selbst diese Grundsätze in einem kurzen, knackigen Hauptsatz. Wenn Sie mögen, schreiben Sie diese Grundsätze auf ein Flipchart-Blatt und hängen dieses an Ihre Bürotür (innen).

1.

2.

3.

4.

5.

Wenn Sie möchten, besprechen Sie diese Grundsätze auch privat mit Ihrem (Ehe-)partner und/oder Ihren Kindern. Richten Sie sich nach diesen Regeln, wenn andere versagen oder auch Sie selbst. Keine Angst vor Rückschlägen. Möglicherweise ist dies der Beginn einer langen Reise, weg vom eigenen Perfektionismus und weg von überzogenen Erwartungen. Haben Sie Geduld, wiederum mit anderen, aber auch mit sich selbst.

2.4 Menschen in Schubladen – Menschenkenntnis, Typenlehren

Diese Einheit verfolgt wiederum ein anspruchsvolles Ziel: Lernen Sie sich und andere besser kennen! Verstehen Sie, warum Sie und andere in einer bestimmten Situation so und nicht anders reagieren. Menschenkenntnis kann Sie weitherziger machen und damit zu einem angenehmeren und erfolgreicheren Menschen, Kollegen und Vorgesetzten. Die psychologischen Grundwahrheiten dieses Kapitels können Ihnen natürlich auch helfen, im Privatleben besser zurecht zu kommen.

Es ist immer gewagt, Menschenkenner zu sich zu Gast zu laden, und es ist immer lohnend für Menschenkenner, in eines Nachbarn Haus zu treten.
Peter Rosegger

Jeder sieht am andern nur soviel, als er selbst auch ist; denn er kann ihn nur nach Maßgabe seiner eigenen Intelligenz fassen und verstehen. Ist nun diese von der niedrigsten Art, so werden alle Geistesgaben, auch die größten, ihre Wirkung auf ihn verfehlen, und er an dem Besitzer derselben nichts wahrnehmen als bloß das Niedrigste in dessen Individualität, also nur dessen sämtliche Schwächen, Temperaments- und Charakterfehler.
Arthur Schopenhauer

Der erste Eindruck ist angeblich der Entscheidende. Für den ersten Eindruck gibt es auch keine zweite Chance. Nach diesem war Kamerad X ein lustloser, desinteressierter Verweigerer. In meiner Erinnerung kam er nur in der Sitzposition am Stammtisch des Gerätehauses vor, niemals laufend oder anderweitig arbeitend. Ich fragte mich, aus welchem Grund er sich wohl überhaupt für die Feuerwehr entschieden haben mochte. Seine Ausbildung zum Rettungssanitäter hatte er im vergangenen Jahr irgendwie abgeschlossen; von der Prüfungskommission hatte man nichts Gutes über X gehört. Eines war jedenfalls sicher: Wir beide waren nicht aus demselben Grund hier. Die Frage nach seiner wirklichen Motivation blieb für etwa ein Jahr unbeantwortet. Nach meiner Einschätzung bis dahin war er zu allem fähig und zu nichts in der Lage. Diese Beurteilung hielt der Wirklichkeit so lange stand, bis ich mit ihm einen anspruchsvollen Einsatz fuhr. Meldereinläufe, Wasserrohrbrüche und schwelende Müllcontainer ließen ihn kalt. Aber bei einem Wohnhausbrand oder wenn sonst irgendwo echte Flammen zum Vorschein kamen, erwies er sich als waschechter Feuerwehrmann, der keine Erschöpfung kannte und den Pressluftatmer

2 Qualitäten und Qualifikationen

nur zum Flaschenwechsel absetzte. Unser Verhältnis war nie wirklich schlecht gewesen, aber mein Vorurteil weigerte sich immer noch hartnäckig, widerlegt zu werden. Dann musste ich ihn als Ausbilder bei einem Truppführer-Lehrgang einbinden. Was er dort vorlegte, rief bei jedem Beobachter Erstaunen hervor. Er erschien ungewohnt korrekt gekleidet, sehr pünktlich, gut vorbereitet und übertraf sich selbst in fachlicher und sozialer Kompetenz gegenüber dem Nachwuchs. Er hatte sich zuhause einige Stunden hingesetzt, alle eventuellen Fachfragen recherchiert und sich Notizen für den Lehrgang gemacht. Was ihm bisher offenbar gefehlt hatte, war eine wirkliche Aufgabe und ein kleiner Vertrauensvorschuss. Die Dinge sind nicht immer, wie sie aussehen, und wir Menschen sind es auch nicht.

Vermutlich seit es Menschen gibt, haben die einen versucht, die anderen in irgendwelchen Schubladen unterzubringen. Die tiefere Ursache ist vermutlich, dass unsere Welt, einschließlich der menschlichen Persönlichkeit, so schrecklich kompliziert und vielschichtig ist. Wir hätten es aber gerne einfach. Daher wünschen wir uns simple Kategorien, nach denen wir unseren zwischenmenschlichen Umgang richten können – auch wenn das auf Kosten und zu Lasten der Wirklichkeit geht.

Die Schrankwände, in der die Schubladen stecken, in der unsere Mitmenschen untergebracht sind, heißen Typenlehren. Schon im Altertum wurden Menschen dadurch kategorisiert. Vielen dieser Versuche ist gemein, dass sie äußerliche Erscheinungen (Körperbau und Auftreten) mit Charaktereigenschaften verknüpfen. Heute sind die Psychologen für die Typisierung des Menschengeschlechts zuständig. Dagegen ist an sich nichts einzuwenden; leider wird jegliches Schubladendenken den menschlichen Eigenarten nur ansatzweise gerecht. Viele dieser Ansätze sind zu oberflächlich und vereinfachen unzulässig, weil sie unsere Mitmenschen einschließlich unserer selbst auf zu wenige Wesenszüge reduzieren und wichtige psychologische Grundwahrheiten außer Acht lassen. In diesem Buch sollen schon aus Zeitgründen also nicht die Für und Wider einzelner Typenlehren abgehandelt werden. Vielmehr sind hier die besten Erkenntnisse der gängigen Kategorisierungen zusammengefasst. Die wichtigsten Lehren aus den Typisierungen sind die folgenden:

1. Jeder Mensch ist sehr vielschichtig und hochkomplex und kann darum nicht nur durch ein oder zwei Wesensmerkmale hinreichend genau beurteilt werden. Jede Typenlehre, die weniger als fünf Merkmale verwendet, hat vielleicht einen gewissen Unterhaltungswert, wird aber für den Dauergebrauch als unbrauchbar bewertet.
2. Jede Typenlehre ordnet einzelne Menschen bestimmten Grundtypen mit bestimmten verallgemeinerten Eigenschaften zu. Obwohl zu einem bestimmten Typus gehörend, können sich sowohl ein und derselbe

2.4 Menschen in Schubladen – Menschenkenntnis, Typenlehren

Mensch als auch zwei Menschen in ein und derselben Situation höchst unterschiedlich verhalten.
3. Jeder Mensch ist nicht nur die Summe seiner Triebe, nicht nur der Ausführende seiner chemischen Hirnprozesse und mehr als das Opfer der äußeren Lebensumstände. Vielmehr hat jeder unabhängig vom individuellen Hintergrund und seiner Herkunft einen eigenen Willen, eine Verantwortung, eine Selbstbehauptungskraft, eine sogenannte »Trotzmacht des Geistes«.
4. Von jeder Ausprägung ein und desselben Menschentyps existieren stets eine gereifte und eine unreife Variante. Das Vorliegen der jeweiligen Variante in unserem Gegenüber und bei uns selbst ist nicht vom Lebensalter abhängig. Und auch hier gibt es Ausnahmen vom Regelverhalten.
5. Charaktermerkmale sind nicht von vornherein als gut oder schlecht zu werten. Jeder Mensch ist einzigartig, hat eine eigene Würde und verdient Respekt. Es besteht immer die Möglichkeit, sich selbst in die eine oder andere Richtung zu entwickeln. Mit anderen Worten: Deine größte Schwäche kann zu deiner größten Stärke werden. Und umgekehrt: Deine größte Stärke kann zu deiner größten Schwäche werden.

Weil dieser fünfte Punkt bei der Menschenführung im Alltag so entscheidend ist, drei Beispiele zur Erklärung:

- Ein engagierter, eigenverantwortlich handelnder, selbstbewusster Kollege (positiv) kann unter Umständen dazu neigen, eigenmächtig, arrogant und verantwortungslos zu handeln (negativ).
- Ein freundlicher, harmoniebedürftiger, ausgleichender Charakter (positiv) kann unter Umständen dazu neigen, harmoniesüchtig, konfliktscheu und sogar feige zu agieren oder zu reagieren (negativ).
- Ein gründlicher, sorgfältiger, sehr ordentlicher Mensch (positiv) kann unter Umständen dazu neigen, penibel, perfektionistisch und unbarmherzig gegenüber anderer Leute Versehen zu reagieren, sich in Details zu verlieben und das Große und Ganze aus dem Blick zu verlieren (negativ).

Diese Liste ließe sich beliebig fortsetzen. Nehmen Sie eine Person aus Ihrem Bekanntenkreis, ihre oder seine hervorstechendste Charaktereigenschaft und schauen Sie, ob dieser Mensch normalerweise zur reifen oder unreifen Variante tendiert.

2 Qualitäten und Qualifikationen

Wenn Sie diese Beurteilung für sich selbst vornehmen wollen, fragen Sie einen wohlwollenden Mitmenschen um Hilfestellung.

Nun zur praktischen Aufgabe:
1. Reflektieren Sie, mit welchen Ihrer Mitarbeiter bzw. Kameraden Sie in der letzten Zeit Probleme hatten. Dabei ist es nicht so wichtig, ob Sie sich selbst geärgert haben oder ob es zu einem offenen Streit gekommen ist.
2. Überlegen Sie, welches negative Charaktermerkmal bei Ihnen und/oder Ihrem Gegenüber die Ursache für die Auseinandersetzung war (z. B. Sturheit, Pingeligkeit, Schlampigkeit).
3. Denken Sie darüber nach, wie diese erkannte Schwäche bei anderer Gelegenheit oder an anderer Stelle möglicherweise zu einer Stärke geworden ist (z. B. Beharrungsvermögen, Genauigkeit, Gelassenheit).

Wenn es Ihre Zeit erlaubt, gehen Sie an eine weitere Aufgabe: Natürlich können Sie Ihre Leute nicht immer nach deren Neigung und Fähigkeiten für eine bestimmte Arbeit einsetzen. Die folgende Übung soll lediglich dazu dienen, einmal so zu tun, als ob das möglich wäre. Dadurch schärfen Sie Ihre Urteilskraft. Vielleicht lässt sich das nächste Mal, wenn Sie Aufgaben zu verteilen haben, ja doch etwas machen?

Hier folgt eine Liste von Aufgaben, wie sie beispielsweise im Alltagsgeschäft einer Wachabteilung einer Berufsfeuerwehr vorkommen. Stellen Sie sich Ihre Wachabteilung vor und überlegen Sie, wer und warum für welche Aufgaben in Frage kommt und wer aus welchem Grund am besten dafür geeignet ist.

- Beurteilungen von Praktikanten sollen angefertigt und besprochen werden.
- Ein Kollege soll in Notfallseelsorge/Krisenintervention ausgebildet werden.
- Die Belehrungen in Arbeitssicherheit sollen durchgeführt werden.
- Eine Gruppe von Besuchern soll durch die Wache geführt werden.
- Die Fachliteratur der Feuerwache soll neu organisiert und verwaltet werden.
- Eine Vertretung für den Innendienstleiter/Gruppenführer Innendienst soll übernommen werden.
- Ein Truppmann-Lehrgang muss organisiert und geleitet werden.
- Eine Einsatzübung soll vorbereitet und durchgeführt werden.
- Eine Streitigkeit zwischen zwei Kollegen soll geschlichtet werden.

Genauso können Sie diese Aufgabe für die Sachbearbeiter-Ebene einer Fachabteilung lösen. Stellen Sie sich Ihre Abteilung vor Augen und überlegen Sie, wer und

2.4 Menschen in Schubladen – Menschenkenntnis, Typenlehren

warum für welche Aufgaben in Frage kommt und wer aus welchem Grund am besten dafür geeignet ist.
- Eine Hausanweisung muss überarbeitet werden.
- Eine Präsentation mit den Arbeitsergebnissen eines Jahres soll erstellt werden.
- Die Neuaufteilung/Neueinrichtung der Büroräume soll geplant werden.
- Ein neues System für die Aktenablage der Abteilung soll gefunden werden.
- Ein Gutachten einer Firma zu einer Angelegenheit der Feuerwehr muss bewertet werden.
- Eine Schulung für Einsatzkräfte soll durchgeführt werden.
- In einer Beratung mit einer anderen sollen die Interessen der eigenen Abteilung vertreten werden.
- Eine Streitigkeit zwischen zwei Kollegen soll geschlichtet werden.

Nichts ist praktischer, als eine gute Theorie. Gut muss sie aber sein. Dieses Kriterium erfüllt eine Typenlehre, die oben genannte Grundsätze berücksichtigt. Wie Sie sicher bemerkt haben, habe ich auf die Empfehlung einer bestimmten Typologie verzichtet. Die genannten Punkte können Sie nun selbst als Qualitätskriterien an jede Typenlehre anlegen.

2.5 Fit werden und fit bleiben – fachliche Anforderungen

Älteren Kollegen und Kameraden fällt eine wichtige Tatsache mehr auf, als den Jüngeren: Eine große Herausforderung für jeden Rettungsdienstler und jede (Feuerwehr-)Einsatzkraft ist es, mit den fachlichen Entwicklungen Schritt zu halten und immer auf der Höhe der Zeit zu bleiben. Diese Einheit soll Ihnen helfen, Ihr Beurteilungsvermögen zu entwickeln oder zu verbessern; zu unterscheiden, was Sie tatsächlich wissen müssen und was Sie getrost vergessen können. Dadurch bauen Sie Stress ab und versorgen sich mit einer Portion Gelassenheit. Sie werden in die Lage versetzt, sich um das Wesentliche in Ihrer Arbeit zu kümmern oder auch einmal um gar nichts.

Überall treibt man auf Akademien viel zu viel, und gar zu viel Unnützes. Auch dehnen die einzelnen Lehrer ihre Fächer zu weit aus, bei weitem über die Bedürfnisse der Hörer. [...] Wer klug ist, lehnet daher alle zerstreuenden Anforderungen ab und beschränkt sich auf ein Fach und wird tüchtig in einem.
Johann Wolfgang von Goethe

Erfolg bedingt lebenslanges Lernen.
Robert Schumann

Besorgt mir Ingenieure, die noch nicht gelernt haben, was nicht geht!
Henry Ford

Pause nach dem Unterricht. Geistesabwesend sortierte er die Modellfahrzeuge von der Planspielplatte zurück in die Original-Kartons. Seine Gedanken kreisten, ohne dass er das wollte. Eigentlich tat er seine Arbeit gern, war zeitlebens feuerwehrtechnisch und auch rettungsdienstlich allseits gebildet, aber manchmal hasste er sein Ausbilderdasein. Vor zwanzig Jahren war die Welt noch halbwegs in Ordnung. Aus heutiger Sicht konnte man die gute alte Zeit auf eine einfache Formel bringen: »Weniger Unterrichtsstoff plus mehr Einheitlichkeit im ganzen Land gleich weniger Sorgen.« Bis zur Pensionierung würde er seinen Lehrbereich wohl noch irgendwie bestreiten. Eigentlich stand ihm der Sinn aber nicht mehr nach großen Herausforderungen. Er würde keine »Bäume« mehr »ausreißen«. Eines Tages kam es zum Umbruch in Gestalt seiner neuen Zuständigkeit für den Bereich »Gefährliche Stoffe und Güter«, später »ABC«, neuerdings »CBRN«. Seine vorherige Zuständigkeit im Bereich Menschenführung und seine Verantwortlichkeit für eine ganze Latte anderer

2.5 Fit werden und fit bleiben – fachliche Anforderungen

Fachthemen hatte er behalten. Von diesem schwarzen Tag an stolperte er in seinem neuen Themenbereich den Entwicklungen nur noch hinterher. Ständig wurde etwas Neues eingeführt. Wieder ein neues Messgerät, eine neue Datenbank, ein aktuelles Konzept, ein Entwurf zur Konzeption, eine Arbeitsgruppe. Ständige Weiterbildungen raubten ihm die Zeit, um sein Unterrichtsmaterial auf den aktuellen Stand zu bringen. – Unterrichtsbeginn. Nach zehn Minuten macht sich Unruhe breit in der Klasse von Dienstanfängern. Etwas an seiner PowerPoint-Präsentation stimme nicht. Es war ohnehin nicht sein Tag und nun hatte er den Fehler gemacht, auf seiner Position zu beharren, anstatt seine Wissenslücke einzugestehen und der Klasse Nachbesserung zu versprechen. Dummerweise waren unter den Dienstanfängern Leute, die in ihrer Heimatgemeinde bereits Führungskräfte in der Freiwilligen Feuerwehr waren. Andere hatten ein Physik- oder Chemiestudium in der Tasche. Wie sollte er aus der Nummer wieder rauskommen?

Von der breiten Masse der Bevölkerung nicht bewusst zur Kenntnis genommen, hat sich in den vergangenen Jahren eine stille Revolution abgespielt. Wir sind vom Industriezeitalter ins Informationszeitalter geschlittert. Alles ist digital und mobiler geworden: Waren, Finanzen, Dienstleistungen, Menschen – vor allem aber Informationen. Diese schlichte Tatsache verändert unsere Behörden und Organisationen mindestens genauso stark, wie demografischer Wandel, Arbeitsmarkteinflüsse und Wertewandel. Dadurch verändert sich auch das Anforderungsprofil an die Feuerwehrangehörigen und Rettungsdienstler, insbesondere natürlich an die Führungskräfte in allen Bereichen. Diese Uhr lässt sich nicht mehr zurückdrehen. Um persönlich und als Organisation weiter erfolgreich zu sein, müssen zunächst einmal ganz nüchtern folgende Tatsachen anerkannt und die richtigen Schlüsse gezogen werden:

- Auch im Informationszeitalter gilt, was schon immer richtig war: Ohne fundiertes Fachwissen und die richtige Taktik ist die beste Technik wertlos. Die richtige Taktik ohne die entsprechende Technik ist allerdings hilflos.
- Auch Fachwissen hat schon von jeher eine Halbwertszeit, die allerdings immer schneller immer kürzer wird. Das, was Sie in zahlreichen Lehrgängen gelernt haben, wird immer schneller von neuen Inhalten über den Haufen geworfen. Die Folge: Ohne lebenslanges Lernen kann niemand mehr und in keinem Beruf auf Dauer bestehen. Auch einfachste Berufe sind davon betroffen.
- Machen Sie nun nicht den Fehler, generell alle Neuerungen und Veränderungen von vornherein als Bedrohungen zu einzuordnen und zu verteufeln. Fallen Sie keine Pauschalurteile wie: »Früher war alles besser; heute wird nur noch Mist gebaut!«

Es gilt, diese Herausforderungen anzunehmen, weiter eine gute Arbeit abzuliefern und bei alledem den Blick fürs Wesentliche zu bewahren. Das kann man eigentlich nur von Führungskräften verlangen. Unter dem Abschnitt Praxis stehen vier Schritte, die ihnen helfen sollen, in schnelllebigen Zeiten auf der Höhe derselben zu bleiben.

1. **Ein guter Weg, den neuen fachlichen Herausforderungen zu begegnen, ist, sich von alten Materialien zu trennen.**
Nur so bekommen Sie den Kopf frei für Neues. Es gibt eine Zeit zum Sammeln und eine Zeit zum Wegwerfen. Die Zeit zum Sammeln ist definitiv vorbei, weil Wissen heute besser denn je verfügbar ist. Nehmen Sie sich dafür eine Auszeit vom Tagesgeschäft. Packen Sie Ihre »gesammelten Werke« aus den Schränken im Büro/im Schulungsraum/in der Wache auf den Schreibtisch. Entsorgen Sie veraltete Ausbildungsmaterialien und Fachliteratur großzügig. Hand aufs Herz: Von vielen Dingen wissen Sie nicht einmal mehr, dass Sie diese überhaupt besitzen. Machen Sie nur zwei Stapel: einen mit wirklich aufhebenswerten Dingen für die Vitrine, fürs Museum oder für die Weitergabe und einen mit zu bearbeitenden Dingen. Alles andere wandert in den Papierkorb.

2. **Heben Sie Zugangsbeschränkungen zu Fachwissen auf.**
Ermöglichen Sie Ihren Mitarbeitern den Zugang zu Schulungsmedien, Fachzeitschriften und zum Internet. Viele Kollegen und Kameraden werden das Angebot schon deshalb nutzen, einfach weil es besteht. Horten Sie Material nicht in Ihrem Schreibtisch und sichern Sie nicht alles mit Vorhängeschlössern. Keine Angst, das Prinzip »Führen durch Herrschaftswissen« hat ausgedient. Heute zählt Ihr Vorsprung durch Charakter (soziale und emotionale Kompetenz).

3. **Wo viel Wissen umgewälzt wird und jeder seinen Senf dazugeben kann, verbreitet sich zwangsläufig auch viel Unsinn.**
Das Internet beweist es. Warum wird dort so viel Mist verbreitet? Antwort: Einfach, weil es möglich ist! Lassen Sie sich daher von E-Mail, Internet und Co. nicht Ihren gesunden Menschenverstand rauben. Auch hier gilt: »Mut zur Lücke!« Es gibt neuerdings viele Modethemen, die heute hochgekocht werden und morgen schon wieder vergessen sind. Lesen Sie Ihre Fachzeitschriften einmal unter diesem Gesichtspunkt oder lesen Sie dann eben nicht mehr. Kultivieren Sie »selektive Ignoranz«.

2.5 Fit werden und fit bleiben – fachliche Anforderungen

4. Halten Sie sich ansonsten so gut es geht fachlich auf dem neuesten Stand.

Nur das versetzt Sie in die Lage, unsinnige Neuerungen kritisch beurteilen zu können. Denken Sie in Ihrer Rolle als Führungskraft immer auch an Ihre Mitarbeiter. Verteilen Sie anfallende Arbeiten so, dass diese fachlich fit bleiben. Lassen Sie Ihre Mitarbeiter gerne an Ihrem Wissen teilhaben. Wenn Sie von einem Lehrgang wieder zum Dienst kommen, werten Sie mit allen den Zugewinn an Fachwissen aus. Verlangen sie das auch, wenn ein Kamerad vom Lehrgang kommt. Geben Sie Ihr Wissen auch unaufgefordert an jüngere Mitarbeiter, Praktikanten und Hospitanten weiter. Es wird nicht weniger, wenn man es teilt.

Eine gute Möglichkeit, diese wichtige Thematik eigenständig zu vertiefen, ist die Beschäftigung mit dem Thema »Arbeiten in VUCA-Umgebungen«. VUCA ist ein Akronym für die englischen Begriffe für Unbeständigkeit, Unsicherheit, Komplexität und Mehrdeutigkeit (**V**olatility, **U**ncertainty, **C**omplexity und **A**mbiguity). Es beschreibt die Schwierigkeiten der Unternehmensführung in modernen Zeiten. Eigentlich entstammt diese Theorie aus dem US-Militär zur Zeit des Kalten Krieges; später fand sie auch in der Unternehmensführung Verbreitung. Besonders interessant sind die Strategien zum Bestehen in einer sich ständig und zu schnell verändernden Welt. Die Lösungsansätze zum Arbeiten in VUCA-Umgebungen kann man vom selben Akronym herleiten: eine Vision haben, Verständnis für die eigene Arbeitsumgebung herstellen, in jedem Fall Klarheit und Einfachheit anstreben und Beweglichkeit sicherstellen (**V**ision, **U**mgebung, **K**larheit, **A**gilität). Wenn Sie das für sich erreichen möchten, benötigen Sie als Grundvoraussetzungen Zeit und Muße, ein wenig Input aus Aufsätzen oder Büchern und den Willen, das in konkreten Schritten umzusetzen.

Literaturtipp:
Mutius, Berhard von: Disruptive Thinking, Das Denken, der der Zukunft gewachsen ist, Gabal, 2017.

3 Instrumente und Methoden

3.1 Warum tu ich mir das an? – Inspiration und Motivation

Die Frage nach der Motivation, d. h. dem letzten Grund Ihrer Arbeit in Beruf und Ehrenamt, bestimmt hintergründig Ihre täglichen Entscheidungen und Ihre Arbeitsleistung. Das geht natürlich auch Ihren Kollegen und Kameraden so. Sie sollten Ihre Motivation nicht erst in Frage stellen, wenn Probleme und Schwierigkeiten Ihnen die Tätigkeit in Ihrer Organisation schwermachen. Vielmehr sollten Sie sich so gut kennen, dass Sie wissen, was Ihr eigentlicher Antrieb ist. Im Ehrenamt spielt die Frage nach der Motivation auch bei der Werbung neuer Mitglieder eine große Rolle. Ihre eigenen Antriebe und die Ihrer Mitarbeiter zu kennen und zu verstehen, ist Ziel dieser Einheit.

Wenn du ein Schiff bauen willst, dann trommle nicht Männer zusammen, um Holz zu beschaffen, Aufgaben zu vergeben und die Arbeit einzuteilen, sondern lehre sie die Sehnsucht nach dem endlosen Meer.
Antoine de Saint-Exupéry

Die Inspiration ist ein solcher Besucher, der nicht immer bei der ersten Einladung erscheint.
Pjotr Iljitsch Tschaikowski

Wer ein Warum zu leben hat, erträgt fast jedes Wie.
Friedrich Nietzsche

Endlich Urlaubszeit. Ein schöner, heißer Sommer; eigentlich Zeit zum Ausspannen, Feiern und fürs Freibad. Das letzte Jahr hatte seinen Tribut gefordert; der Urlaub war hochwillkommen und auch dringend notwendig. Schon im Vorjahr hatte ich mich freiwillig für einen ABC-Lehrgang an der Feuerwehrschule angemeldet. Die Sonne an sich war jetzt nicht das Problem. Mein Problem war, dass ich in der Stunde nach dem Mittagessen im Chemikalienschutzanzug steckte und mein Ausbilder neben mir im luftigen T-Shirt stand. Es waren gefühlte 180 °C Lufttemperatur; die Luft flimmerte über der Betonstraße auf dem Schulgelände, auf die die liebenswerte Lehrkraft eine Handvoll kleine Muttern geworfen hatte. Durch die Scheiben der Atemschutzmaske und des Chemikalienschutzanzuges konnte ich sein Gesicht nur

3.1 Warum tu ich mir das an? – Inspiration und Motivation

schemenhaft erkennen. Obwohl er keine Miene verzog, war ich mir ganz sicher, dass er innerlich feierte. Der Schweiß sammelte sich in meiner Atemschutzmaske, während ich auf meinen Knien mit ungelenken Bewegungen der rechten Hand versuchte, die viel zu kleinen Muttern irgendwie auf die viel zu große linke, dreifach behandschuhte Handfläche zu schnipsen. Später kam noch Nasenbluten dazu, was meine Lage unter meinem Gefängnis aus Gummi nicht verbesserte. Die politisch unkorrekte Nachfrage des Ausbilders motivierte mich irgendwie negativ: »Sind Sie körperbehindert?«

Bei dem Thema »Motivation« begegnen wir einem Paradoxon: Wenn man die Zähne zusammenbeißen muss, wenn es richtig Arbeit gibt und wenn Entbehrungen anstehen, stellt sich die Frage nach dem Warum der Arbeit kaum oder gar nicht. Man kennt das aus dem Wachalltag der Berufsfeuerwehren: Unzufriedenheit kommt immer dann hoch, wenn kaum Einsätze zu fahren sind, wenn man die Beine einmal hochlegen kann, wenn es einem gut geht. Sich selbst und andere stets mit Arbeit zu überhäufen, damit die Frage nach der eigentlichen Motivation gar nicht erst hochkommt, wäre nun sicher der falsche Ansatz. Vielmehr sollte man die Warum-und-Wozu-Frage immer mal wieder ehrlich beantworten.

Gelegentlich ergibt sich für alle Führungskräfte, natürlich auch im Ehrenamt, die Frage, warum man sich das alles eigentlich antue. Auch hier kommt merkwürdigerweise diese Frage nicht im Eifer der täglichen Gefechte auf, sondern wenn man (vielleicht zwangsweise, z. B. durch eine Krankheit) zur Ruhe gezwungen ist. Vielleicht schleicht sich diese Frage sehr hintergründig durch die eigenen Gehirnwindungen, wenn man erfahren musste, dass »Undank wirklich der Welten Lohn ist«. Die Antwort bleibt dann häufig aus und manch einer kaut Jahrzehnte an dieser Frage, wie an einem harten, trockenen Stück Brot. Andere haben einfach hingeschmissen oder »die Flinte ins Korn geworfen«, weil auch sie beim besten Willen keine Antwort darauf finden konnten.

Wenn man über Motivation spricht, zunächst eine Binsenweisheit: Jeder hat eine. Auch der größte Altruist (der Selbstloseste) und Philanthrop (Menschenfreund) wird von irgendeiner rätselhaften Kraft angetrieben. Im (Freiwilligen) Feuerwehrbereich sind das v. a. folgende Motive, die beim Einzelnen meist in Kombination vorhanden sind:

- die Möglichkeit einer sinnvollen Freizeitgestaltung,
- die Suche nach Anerkennung und Ehre,
- die Faszination der Technik,
- die Begeisterung für Schnelligkeit und Professionalität,
- der Zusammenhalt bzw. das Gemeinschaftsgefühl,
- Familientradition, Pflichterfüllung,

- eine humanistische Gesinnung (»Einer für alle, alle für Einen«),
- christliche Nächstenliebe (»Handeln für Gottes Lohn«).

Zunächst ist es für jede Führungskraft spannend zu entdecken, was den Einzelnen wirklich antreibt. Hier ist festzuhalten, dass die wirklichen Motive nicht an der Oberfläche liegen und kaum oder nie kommuniziert werden. Im Beispiel ausgedrückt: Wer immer betont, auf Orden und Ehrenzeichen keinen Wert zu legen, sich aber hinter vorgehaltener Hand beschwert, bei der letzten Auszeichnungsveranstaltung wieder einmal vergessen worden zu sein, sagt sehr viel über seine Motivation aus.

Natürlich wandeln sich auch die Motivatoren beim Einzelnen über die Jahre und Jahrzehnte. Ist es bei einem jüngeren Kameraden der Feuerwehr v. a. die Faszination der Technik und der Schnelligkeit, wechselt der Hauptgrund vielleicht in einer persönlichen Krise später zur Zusammengehörigkeit und zum Gemeinschaftsgefühl der Wehr. Wichtig für die Zukunft: Die durch Selbstaufgabe, Pflichterfüllung und Familientradition Motivierten in unseren Reihen werden deutlich weniger. Man will auch im Ehrenamt wachsen, profitieren, etwas Bereicherndes erleben. Es ist durchaus eine Überlegung wert, was diese Tatsache für das Ehrenamt in Rettungsdienst und Feuerwehr bedeutet.

Unseren mehr als einer Million Ehrenamtlichen in den Feuerwehren und Hilfsorganisationen stehen tausende von demotivierten, vor den Kopf gestoßenen ehemaligen Kameraden und Kollegen gegenüber. Diese sehr gut ausgebildeten Ehemaligen, die den Organisationen den Rücken gekehrt haben, stellen mit ihrem verschleuderten Potenzial einen gewaltigen Verlust für die Organisationen dar. Die deutschen evangelischen Kirchen starteten vor Jahren angesichts ihres Mitgliederschwundes eine Wiedereintritts-Initiative, eine groß angelegte Rückholaktion für (warum auch immer) Ausgetretene. Vielleicht ist so etwas auch für das Ehrenamt denkbar? Die Austrittsmotive im Blaulichtbereich liegen nach meiner Beobachtung in den allermeisten Fällen in zwischenmenschlichen Konflikten und Führungsfehlern. Sie können vielleicht eine ebensolche Aktion auf Gemeindeebene für Ihre Feuerwehr starten; die große Politik brauchen Sie dazu nicht. Sprechen Sie ausgetretene Mitglieder an, hinterfragen Sie die Austrittsgründe und lösen Sie die Probleme. Der Vorteil liegt auf der Hand: Sie bekommen ausgebildete Leute und können die Vorlaufzeit der Grundausbildung einfach vergessen. Wäre das nicht was?

Demotivierung ist oft ein schleichender Prozess, den Sie selbst möglicherweise nicht ganz verstehen. Die Kenntnis der eigenen Motive dagegen kann Sie vor mancher Enttäuschung bewahren. Gönnen Sie sich daher etwas Ruhe und gehen Sie in sich. Beantworten Sie schonungslos ehrlich die folgenden Fragen:

3.1 Warum tu ich mir das an? – Inspiration und Motivation

1. Was ist Ihre Motivation in Ihrem Beruf bzw. Ehrenamt? Was treibt Sie an? Im Beruf: Wofür arbeiten Sie (von der Besoldung/vom Gehalt einmal abgesehen)? Für die Antwort können Sie die Liste von Seite 67f. zu Hilfe nehmen.
2. Welche Motivation können Sie bei Ihren Kameraden und Kollegen erkennen? Was motiviert Ihre besonders Aktiven (Ihren Stellvertreter, Ihre Führungskräfte und Funktionsträger)? Erschrecken Sie nicht, wenn die Motive nicht so selbstlos sind, wie Sie zuerst erwarten.
3. Glauben Sie, dass es auch ungute Motive für die Mitarbeit in einer Feuerwehr bzw. im Rettungsdienst gibt (Stichwort »Helfersyndrom«, übermäßiges Geltungsbedürfnis)? Welche Folgen haben diese eventuell? Wie kann man diese Motivation steuern?
4. Wie hat sich über die Jahre die Motivation im Ehrenamt Ihrer Ansicht nach gewandelt? Wie müssen sich die Organisationen darauf einstellen? Was kann Ihre Organisation tun?

 Zur Vertiefung und weiteren Beschäftigung empfiehlt sich die Kenntnis der sogenannten Bedürfnispyramide nach Abraham Maslow. Dazu gibt es eine Menge gut lesbarer Bücher. Zumindest lohnt sich die Recherche im Internet über die Motive, deren Einteilung und deren Verhältnis untereinander.

Im Ehrenamt Feuerwehr existiert auch beim Einzelnen eine bunte Mischung von Motiven für die Mitgliedschaft bzw. Mitarbeit. Eine von mir durchgeführte Online-Befragung von 1.000 Angehörigen der Feuerwehr brachte folgendes Ergebnis:

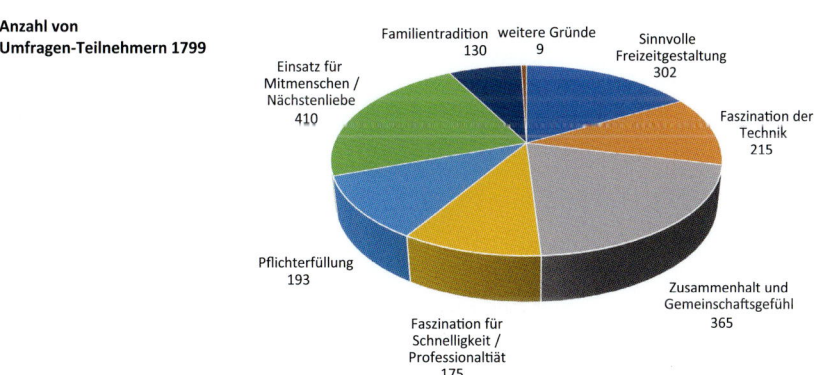

Bild 4: *Gründe für die Mitarbeit in einer Freiwilligen Feuerwehr*

3 Instrumente und Methoden

Literaturtipp:
Maslow, Abraham H.: Motivation und Persönlichkeit, Verlag RoRoRo, 1981.

3.2 Nicht geschimpft, genug gelobt? – Umgang mit Lob und Tadel

In dieser Lektion behandeln Sie das etwas altmodisch klingende Thema »Lob und Tadel«. Hierbei geht es im Grunde wieder um Motivation – genauer um deren Umsetzung mit einfachen Mitteln, die kein Geld kosten. Falls Sie bis heute noch nicht oder nicht bewusst mit Lob und Tadel arbeiten, sollten Sie dieses Instrument nach dem Bearbeiten dieses Kapitels in Ihrer Führungspraxis einsetzen. Sie lernen neu oder frischen auf, wie wichtig Rückmeldungen – egal ob positiver oder negativer Art – für Ihre Unterstellten, aber auch Sie selbst sind.

Die meisten Menschen wollen lieber durch Lob ruiniert als durch Kritik gerettet werden.
Amerikanische Redensart

Von einem guten Kompliment kann ich zwei Monate leben.
Mark Twain

Über den Tadel sind viele erhaben, wenige über das Lob.
Carl Gustav Jochmann

Der Rettungswagen war nach dem Einsatz pünktlich zum Abendessen zurück in der Wache. Bedächtig und ohne viel Aufsehen füllte der Notfallsanitäter Verbrauchsmaterialien und Medikamente aus dem Lager in einen Tragekorb; neben ihm ein wenig verloren und hilflos die Praktikantin. Sie wollte mit anpacken, traute sich aber nicht so recht. »Nicht geschimpft ist genug gelobt« war sein Motto, zuhause und im Dienst. Damit war er bis jetzt ganz gut gefahren, denn er hatte kaum Führungsverantwortung für irgendwelche Mitarbeiter, höchstens als Fahrzeugführer auf dem RTW. Dort lief es auch ohne viele Worte; man kannte sich. Das Ganze änderte sich schnell, nachdem er als Notfallsanitäter und stellvertretender Wachenleiter deutlich mehr Verantwortung für seine Kollegen übertragen bekam. Er war schon immer ein eher verschlossener Typ gewesen; keiner, der »sein Herz auf der Zunge« trägt, kein Freund vieler Worte. Seine Kollegen warteten deshalb oft vergeblich auf eine Reaktion, sie rätselten seiner Meinung hinterher, sie erwarteten eine Meinungsäußerung oder wenigstens ein Lebenszeichen von seiner Seite. Doch das Warten wurde nicht belohnt. Es gab keinerlei Dienstberatungen, keine Einsatzauswertung, keine Rückmeldungen, keine Reaktion. Seit einem halben Jahr standen einige grundlegende Veränderungen im Rettungsdienstbereich an. Der Flurfunk funktionierte nach wie vor; in der Wache drehte man sich v. a. um sich selber und das Arbeitsklima verschlechterte sich zusehends. Einst verträgliche und auskömmliche Kollegen fuhren sich scheinbar ohne Grund wegen irgendwelcher Kleinigkeiten in der Fahrzeughalle an und selbst beim gemeinsamen Essen war die gute Laune von früher wie weggeblasen. Gab es einen Zusammenhang zwischen seiner Unfähigkeit zu führen und dem kollegialen Klimawandel?

Ich beginne mit einer Unterstellung, die kein Wissenschaftler der Welt mit Zahlen untermauern könnte, die jedoch allgemein geteilt wird: In unseren Hilfsorganisationen und Feuerwehren (egal ob hauptberuflich oder freiwillig) erhalten die Geführten von ihren Vorgesetzten allgemein zu wenig Rückmeldung über ihre Arbeit. Noch schwerer zu ergründen ist die Antwort auf die Frage nach der Ursache: Was ist der Grund? Hängt es damit zusammen, dass man zu einem Großteil ohne Worte (nonverbal) kommuniziert? Oder sind Rettungsdienstler und Angehörige der Feuerwehr solch harte Typen, dass sie Lob nicht nötig haben (weil sich alle selbst motivieren) und auf Tadel und Kritik überhaupt nicht mehr anspringen? Oder – was der schlimmste aller denkbaren Gründe wäre – haben unsere Führungskräfte so wenig Charakter- und Wissensvorsprung, dass sie gar keinen Grund und Anlass sehen, zu loben oder zu tadeln? Hier setzt dieses Kapitel an und verdeutlicht die Notwendigkeit von guter Kritik und gibt einige praktische Hinweise.

Kritik setzt natürlich voraus, dass der Kritisierende kompetent genug ist, über den Gegenstand bzw. die Zielperson der Kritik zu urteilen. Von daher wiegt Lob bzw. Tadel nur etwas, wenn Sie als Chef Ihr (Führungs-)-Handwerk verstehen und keine fachliche und charakterliche Niete sind. Diesen Fakt vorausgesetzt, hier einige Praxistipps für den Gebrauch der beiden Instrumente:

- Wenn Sie bisher nicht oder nicht bewusst mit Lob und Tadel arbeiten, fangen Sie noch heute damit an. Sie werden staunen, wie herzlich dankbar die meisten Menschen für ein kleines Lob sind. Auch wenn die Wenigsten ihrer Freude darüber Ausdruck verleihen können, können Sie in jedem Fall von der nachhaltigen Wirkung ausgehen. Wenn Sie bei diesem Thema ein Anfänger sind: Erschrecken Sie nicht, wenn man Ihnen und Ihrem Lob gegenüber anfangs misstrauisch begegnet, nach dem Motto »Was wird er/sie jetzt wohl wollen?«
- Grundsätzlich sollten Sie wesentlich häufiger loben als tadeln. Wenn Sie bei einem Anlass gleichzeitig loben können und tadeln müssen, fangen Sie zunächst mit dem Lob an und kommen Sie dann zur negativen Kritik. Haben Sie ein ganzes Gespräch vor sich, bei dem es um eine Person geht

3.2 Nicht geschimpft, genug gelobt? – Umgang mit Lob und Tadel

(z. B. Beurteilungs- oder Vorgesetzten-Mitarbeiter-Gespräch), nutzen Sie als Hilfsmittel den sogenannten »Feedback-Burger«. Das bedeutet kurz, dass Sie das Gespräch mit Positivem beginnen und auch beenden. Die Kritik gehört dazwischen.

- Wenn Sie beim einzelnen Kollegen keinen Grund zum Loben unmittelbar vor Augen haben, liegt das wahrscheinlich an Ihrer eingeschränkten Sichtweise. Sie sollten dann Gründe suchen. Potenzielle Fundstellen gibt es meistens dort, wo Ihnen zugearbeitet wurde oder Sie auf Arbeitsergebnisse anderer zurückgegriffen haben. Wenn Sie das herausstellen und einen Kollegen durch Lob ein Stück wachsen lassen können, wird Sie das nicht kleiner machen – im Gegenteil. Vergessen Sie niemals, bei derartigen Projekten und Aufgaben den eigentlichen Urheber in angemessener Art und Weise zu würdigen. Das gilt auch für den Fall, dass Sie ein Arbeitsergebnis nur nach oben durchreichen und auch, wenn Sie nicht zu einhundert Prozent zufrieden waren.
- Nehmen Sie sich vor, an jedem Dienst- bzw. jedem Arbeitstag einen Kollegen oder Kameraden gezielt zu loben. Tun Sie das je nach Anlass öfters unter vier Augen, aber auch einmal vor versammelter Mannschaft (z. B. wenn angetreten wird). Versuchen Sie über einen längeren Zeitraum (vielleicht ein halbes Jahr) möglichst allen Ihren Unterstellten eine Rückmeldung in Form von Lob und Tadel zukommen zu lassen.
- Falls Sie selbst von Ihrem eigenen Vorgesetzten niemals gelobt werden, machen Sie das nicht zum Maßstab. Umso mehr sollten Sie Ihre Mitarbeiter loben. Sie wissen besser, was Ihnen selbst fehlt und was Sie vermissen.
- Manche Leute werden hellhörig und sind skeptisch, wenn Sie einmal gelobt werden. Vielleicht weil es ihnen noch nie passiert ist. Flechten Sie daher bei solchen Menschen eine kleine Portion konstruktiver Kritik ein. Zum Beispiel kann auch bei der engagiertesten Ausbildung ein technisches Detail vervollkommnet werden.
- Ein wichtiger Grundsatz für das Tadeln stammt nicht von mir, sondern von Georg Christoph Lichtenberg: »Ehe man tadelt, sollte man immer erst versuchen, ob man nicht entschuldigen kann.« Eine moralische Pflicht zum Entschuldigen ergibt sich allerdings erst, wenn Einsicht vorliegt und eine Entschuldigung erbeten oder verlangt wird.
- Jeder Tadel ist immer auch ein Anlass zur Selbstprüfung. Wir müssen auch an uns tadeln, was wir an anderen tadeln. Wir müssen auch an anderen entschuldigen, was wir an uns entschuldigen. Dieses Instrument ist

3 Instrumente und Methoden

gleichzeitig ein Indikator für ihre ethischen Maßstäbe. Hieran entscheidet sich die Glaubwürdigkeit des Konzepts »Führen durch Vorbild« (vgl. Kapitel 2.2).

- Wenn es etwas zu tadeln gibt, vermeiden Sie versteckte Anspielungen und das Tadeln vor versammelter Mannschaft. Suchen Sie immer zuerst ein Gespräch unter vier Augen und sagen Sie gerade heraus, was Sie meinen. Erst anschließend stünde die Aussprache mit anderen Vorgesetzten an. Erst, wenn auch das ergebnislos geblieben ist und Uneinsichtigkeit vorliegt, sollten Sie vor der Truppe/der versammelten Mannschaft tadeln. Und erst danach ziehen Sie arbeits-/oder dienstrechtliche Konsequenzen in Betracht.

Ein Nachsatz für die Bedenkenträger: Bei diesem Thema gerät man vielleicht in den Verdacht, als Chef ein sozialromantischer »Kuschelweich« zu sein. Vielleicht haben Sie Angst, durch ein Lob Ihre Autorität zu verspielen. Die Bedenken kann ich zerstreuen: Wenn es ehrlich gemeint ist, können Sie (fast) alles sagen. Wenn Sie ein Lob durchaus nicht über die Lippen bringen, hilft als Einstiegsübung, dem zu Lobenden kameradschaftlich auf die Schultern zu schlagen (mit der flachen Hand und nicht beim Kaffeetrinken oder Essen). Dabei sollten Sie aber mindestens ein freundschaftliches Grinsen zeigen.

Wenn Sie mögen, holen Sie sich einen Kaffee oder einen Tee. Nehmen Sie Ihren Terminkalender zur Hand.

1. Gehen Sie in Gedanken nochmals Ihren letzten Arbeitstag, Ihre letzte Schicht oder Ihren letzten Dienst durch. Hätte es Anlässe zu Lob und Tadel gegeben? Wenn ja, haben Sie die Gelegenheiten genutzt?
2. Wann wurden Sie selbst das letzte Mal gelobt bzw. getadelt? Wie haben Sie sich dabei gefühlt? Welche Art von Rückmeldung erhalten Sie in der Regel von Ihren Vorgesetzten und von Ihrer Mannschaft? Glauben Sie, dass diese Kritik ehrlich ist?
3. Stellen Sie sich jeden Ihrer Unterstellten in Situationen vor Augen, in der er oder Sie besonders gut oder schlecht sind. Fährt Ihr Rettungssanitäter im Rettungswagen besonders patientenschonend? Bekommt Ihr Maschinist immer schnell Wasser an den Brandherd? Macht Ihr Gerätewart immer sorgfältig seine Arbeit in der Werkstatt? – Warum sagen Sie das den Leuten dann nicht?

3.2 Nicht geschimpft, genug gelobt? – Umgang mit Lob und Tadel

 Eine Zusatzübung für den Fall, dass Sie mehr Zeit haben und von den neuen Ideen auch ein wenig begeistert sind:

Lesen Sie den Text oben noch einmal durch. Notieren Sie mindestens drei Grundsätze für das Loben und drei für das Tadeln auf eine kleine Karte. Stecken Sie die Karte ein und versuchen Sie, die Grundsätze in den nächsten Tagen und Wochen in die Praxis umzusetzen.

Übrigens: Was im Beruf oder im Ehrenamt gilt, kann zuhause nicht ganz falsch sein. Wann haben Sie Ihre Frau/Partnerin Ihren Mann/Partner und Ihre Kinder das letzte Mal gelobt? Auch (und gerade!), wenn Ihnen nicht danach zumute ist, sollten Sie damit anfangen. Sie werden erleben, wie viel Positives Sie damit anrichten. Nach einem alten Gesetz des menschlichen Zusammenlebens kommt das wiederum auf Sie zurück: »Wie man in den Wald hineinruft, so schallt es heraus.«

3.3 Alles liegt auf meinem Tisch – Delegieren als Überlebensfrage

»Wer führen will, muss frei von Arbeit sein«, heißt es bei der Bundeswehr. Dieser Satz ist eine fundamentale Erkenntnis für jede Führungskraft, die sich allerdings erst einstellen muss. Das Ziel dieser Einheit besteht darin, die Vorteile des Delegierens von Aufgaben schätzen zu lernen und diese Praxis später einzuüben. Die Vorteile bestehen für Sie darin, mehr Zeit für Ihre eigentlichen Aufgaben als Führungskraft zu haben. Für Ihre unterstellten Mitarbeiter besteht der Gewinn darin, dass Vertrauen in sie gesetzt wird und sie dadurch an ihren Aufgaben wachsen können. Beim Delegieren gibt es aber Einiges zu beachten. Welche Punkte das sind, lesen Sie im Folgenden.

Schreiben sie den Leuten nicht vor, wie sie etwas erledigen sollen. Sagen sie ihnen, was zu tun ist, und sie werden sie mit ihrem Einfallsreichtum überraschen.
George S. Patton

Unserer Kraft verschafft das Schicksal Spielraum; nur dem Trägen, dem Willenlosen stellt es sich entgegen.
William Shakespeare

So direkt würde er es nie sagen. Innerlich war er aber fest überzeugt, dass nur er selbst die anfallenden Aufgaben in seiner Freiwilligen Feuerwehr mit etwa fünfundvierzig Aktiven am besten erledigen könnte. Nach seinem Amtsantritt als Wehrführer vor fünfzehn Jahren hatte er sich schnell die wichtigsten Aufgaben an Land gezogen. Er war ein perfektionistisches Arbeitstier. Der Laden lief danach wie ein Präzisions-Uhrwerk. Sein Schreibtisch allerdings ähnelte einem Bergdorf nach einem Lawinenunglück. Er verwaltete alle Kassen, machte alle Ausschreibungen selbst, gab Kleider aus und prüfte die Gerätschaften. Im Einsatz war er der Einsatzleiter, er fuhr vorher das Löschfahrzeug, funkte, und nahm dem Angriffstrupp auch schon mal Strahlrohr oder hydraulisches Rettungsgerät aus der Hand. Doch, es hatte Versuche gegeben, bestimmte Aufgaben an geeignete Kameraden abzugeben. Diese hatten aber nach einiger Zeit frustriert das Handtuch geworfen, weil sie sich bevormundet vorkamen und weil man ihm nichts recht machen konnte. Das wiederum bestätigte ihn in seiner Meinung: Er müsste eben doch alles selber machen; letztendlich hinge alles von ihm ab. Dass die eigentlich motivierten und wohlwollenden Kameraden sich hinter seinem Rücken über sein ständiges Reinreden beschweren, bemerkte er nicht.

3.3 Alles liegt auf meinem Tisch – Delegieren als Überlebensfrage

Dafür stand er schon zu hoch auf dem Sockel. Und so hatten sich der Chef und die Truppe über die Jahre gegenseitig erzogen. Der Wehrführer war sich sicher, dass alles am Ende von ihm abhinge; in der Wehr drängelte sich niemand mehr an irgendwelche Aufgaben. Immerhin fünfzehn Jahre dauerte dieses fragwürdige (Zusammen-)spiel. Bis die Herzschmerzen kamen, die er zuerst noch übergehen konnte. Als seine Frau ihn zum Hausarzt befahl, kam die Diagnose wie ein Donnerschlag: Er hatte einen Herzinfarkt gehabt.

Mittlerweile hat es auch der Letzte bemerkt: In unseren Freiwilligen Feuerwehren hat der demografische Wandel zugeschlagen. Die Mitgliederzahlen sind gesunken, die personelle Situation hat sich verschlechtert. Trotzdem ist es in den allermeisten Fällen immer noch möglich, Aufgaben zu delegieren; d. h. auf mehrere Schultern zu verteilen. Das ist nicht nur möglich, sondern geradezu eine Notwendigkeit in Zeiten, in denen immer mehr Arbeit von immer weniger Leuten erledigt werden muss. Die Tatsache, dass allgemein so zögerlich delegiert wird, liegt in dem verbreiteten Missverständnis, gute Führungskräfte müssten alles selbst erledigen. Ganz persönlich ist es oft ein unguter Perfektionismus und ein ängstliches Klammern an Aufgaben, der Führungskräfte davon abhält, Arbeit abzugeben. Höchste Zeit also, auf diesem Feld die eigene Führungskompetenz zu verbessern. Im Einsatz machen wir es doch auch: Kein Notarzt der Welt möchte jedes Pflaster selber kleben, kein Einsatzleiter der Feuerwehr wird ein Standrohr selber setzen.

Für das planmäßige Delegieren von Aufgaben gibt es sehr gute Argumente. Zunächst die Vorteile für den Delegierenden (wahrscheinlich in den meisten Fällen Sie):

- Sie werden gewaltig entlastet und haben somit Zeit, sich um wirkliche, strategische Führungsaufgaben zu kümmern. Es ist eine einfache Regel: Wer immer nur im Hamsterrad rennt, kommt nirgendwo hin. Es ist wichtiger, einmal einen Tag über seine Arbeit nachzudenken, als einen Monat zu arbeiten. Dazu brauchen Sie zwingend Zeit und Muße und Abstand zum Tagesgeschäft.
- Es ist schon aus reinen Vernunftgründen Ihre Pflichtaufgabe, für eine geeignete, gleichwertige Vertretung in Ihrer Funktion/Position zu sorgen. Nur dann können Sie beruhigt in den Urlaub fahren; nur so können Sie guten Gewissens auch einmal krank sein und sich auskurieren.
- Es ist außerdem Ihre Pflichtaufgabe, frühzeitig einen geeigneten Nachfolger heranzuziehen und parallel dazu langsam »loslassen« zu lernen. Ihre delegierten Aufgaben unter Ihrer Aufsicht sind ein wichtiges Betätigungsfeld für diesen in Frage kommenden Personenkreis.

3 Instrumente und Methoden

- In der Regel sind Führungskräfte gefährdet, sich ausschließlich über ihre Arbeit zu definieren. Das gelassene Abgeben-Können von Aufgaben ist ein wichtiger Prüfstein für Sie, ob Sie eine wirklich gute Führungskraft oder ein Burnout-gefährdeter Workaholic mit Herzinfarkt-Garantie sind.

Auch wenn Sie es vielleicht nicht auf den ersten Blick sehen, es ergeben sich auch Vorteile für die Leute, denen Sie Arbeiten übertragen:

- Klar umrissene Teilaufgaben sind eine hervorragende Möglichkeit, persönliche Verantwortung zu übernehmen und an Aufgaben zu wachsen. Was zunächst wie eine Zumutung aussehen mag, ist oft die Kehrseite von Zutrauen in eine Person. Nehmen Sie Ihren Kameraden bzw. Kollegen nicht diese Gelegenheiten! Kommunizieren Sie diesen Zusammenhang: »Ich mute dir das mal zu, weil ich dir etwas zutraue. Ich bin aber da, wenn es Fragen gibt und du mich brauchst.«
- Obwohl es Ihnen selber so geht, kommt es Ihnen bei anderen vielleicht komisch vor: Die Möglichkeit einer wirklich sinnvollen Freizeitgestaltung ist für viele ein gewichtiger Grund, ehrenamtlich in der Feuerwehr mitzuarbeiten. Degradieren Sie Ihre Leute also nicht zum Straßenkehrer und bloßen Ausbildungskonsument.

Zum Schluss: Würden Sie alle Talente kennen, die in Ihrer Mannschaft verborgen liegen, würde Ihnen das Delegieren leichter fallen. Und: Seien Sie auch einmal mit dem zweitbesten Arbeitsergebnis zufrieden. Delegieren ist ein gemeinsamer Lernprozess, der am Anfang ein wenig Mehraufwand mit sich bringt, am Ende aber einen gewaltigen Zeitgewinn abwirft. Henry David Thoreau war ein praktischer Philosoph, der das Ziel des Delegierens einmal auf den Punkt zugespitzt hat: »Tu, was keiner für dich tun kann. Alles andere unterlasse.«

Beantworten Sie zunächst ehrlich folgende Fragen:

1. Sind Sie mit Ihrer Arbeitsorganisation/Aufgabenzuteilung zufrieden? Sind Sie überlastet?
2. Wenn ja, kann es sein, dass Sie selbst zu dieser unbefriedigenden Situation beitragen?
3. An wen können Sie welche Arbeiten übertragen? Nutzen Sie die folgende Tabelle.
4. Haben Sie wirklich ein gutes Gewissen und Vertrauen in Ihre Leute beim Delegieren?

3.3 Alles liegt auf meinem Tisch – Delegieren als Überlebensfrage

Gehen Sie ans Werk! Besprechen Sie die neue Arbeitsorganisation zuerst mit den Betreffenden. Die Standardfrage dabei heißt »Würdest du dir zutrauen...?« Bieten Sie Hilfestellung an und definieren Sie ein klares Ziel. Dann geben Sie das Ganze ihrer Mannschaft bekannt.

Als Hilfsmittel können Sie folgende Tabelle benutzen, die Sie mit Terminen untersetzen können:

Tabelle 2:

Meine bisherigen Aufgaben als ...	... kann ich abgeben an [Name]	... alternativ kommt in Frage [Name]	Bemerkung

Delegieren will gelernt und geübt sein. Wie viel Spielraum Sie dem Beauftragten lassen können, müssen Sie in der täglichen Praxis selbst herausfinden. Zum Delegieren gehört natürlich auch das Kontrollieren. Tun Sie das nicht am laufenden Band, überwachen Sie nicht alles, sondern heben Sie sich die Kontrolle für das Ende der Aufgabenstellung auf.

Beginnen Sie mit kleineren Aufträgen und wenn es klappt, gehen Sie zu größeren Aufgaben über. Anfangs müssen Sie möglicherweise viel kontrollieren und ggf. nachbessern (lassen). Es mag Ihnen so vorkommen, als sei es das Beste, gleich alles selbst zu machen. Lassen Sie sich nicht entmutigen. Längerfristig lohnt sich die Zeit, in der Sie Ihre Mitarbeiter befähigen, die Aufgaben selbst zu erledigen.

3 Instrumente und Methoden

3.4 Helfen Sie uns aussteigen, wir helfen Ihnen löschen – langfristige Personalentwicklung

Vielleicht gehören Sie zu denen, die in Ihrer Behörde oder Organisation für die Personalentwicklung zuständig sind. Oder Sie haben als Führungskraft zumindest für Ihre unterstellten Mitarbeiter eine Verantwortung in diesem Bereich – keine beneidenswerte Aufgabe in Zeiten von Fachkräftemangel. Bei diesem Thema handelt es sich um eine längerfristige Angelegenheit, die gerne im Tagesgeschäft untergeht. Auch im ehrenamtlichen Bereich müssen Sie mit Ihrem Personal haushalten und es motivieren; neues Personal will rekrutiert werden. Aufgrund der aktuellen Schwierigkeiten im Ehrenamt fallen diese Anliegen oft unter den Tisch. Man hat genug mit den Tagesproblemen zu tun. Finanzspritzen und Plakataktionen sind nicht das Allheilmittel. Diese Einheit soll Ihnen die Notwendigkeit einer Personalplanung und -entwicklung verdeutlichen und einige praktische Denkanstöße geben. Erschöpfend kann dieses Thema hier allerdings nicht behandelt werden.

Die Wissenschaft der Planung besteht darin, den Schwierigkeiten der Ausführung zuvorzukommen.
Luc de Clapiers Vauvenargues

Willst du für ein Jahr vorausplanen, so baue Reis. Willst du für ein Jahrzehnt vorausplanen, so pflanze Bäume. Willst du für ein Jahrhundert vorausplanen, so bilde Menschen.
Dschuang Dsi

Für ihn war es das schwärzeste Jahr seit seiner Ernennung zum stellvertretenden Wehrleiter. Die Vorbereitung der Jahreshauptversammlung hatte die Zahl seiner grauen Haare auf dem Kopf schlagartig verdoppelt. Den Kopf auf die Fäuste gestützt saß er vor dem Monitor seines Computers im Wehrleiterbüro und ließ das vergangene Jahr Revue passieren. Im Sommer nach den Ferien hatte sich die Jugendfeuerwehr auf ein Drittel der ursprünglichen Größe dezimiert. Die Ausbilder und Jugendwarte hatten sich für die Kids alle Beine rausgerissen. Aber nicht Unlust und Missstimmung, sondern Lehre und Studium nach der Schulzeit bei den Mitgliedern waren die Ursachen für den Schwund. Allen war unbewusst bewusst, dass nach Abschluss der Ausbildungen wohl kaum einer der Jugendfeuerwehrleute in die Heimatgemeinde zurückkehren würde. Außerdem sollten fünf Aktive offiziell in die Alters- und Ehrenabteilung übergehen; drei weitere würden im Jahr darauf folgen und vier wurden noch unter die Aktiven gezählt, obwohl sie das vorgeschriebene Höchstalter

3.4 Langfristige Personalentwicklung

ebenfalls überschritten hatten. Unterm Strich blieben zu viele »Karteileichen«. Langsam stieg in ihm die Erkenntnis hoch, dass der tägliche Verwaltungswahnsinn dazu geführt hatte, längerfristige Entwicklungen zu ignorieren. Jahrelang hatte er mit Ausschreibungstexten, Geräteprüfordnungen und Politikeranfragen gekämpft; strategische Führungsaufgaben blieben auf der Strecke. Nicht einmal die früher üblichen Ausfahrten des Feuerwehrvereins kamen mehr zustande. Irgendwann würden sie mangels Teilnehmern ganz ausfallen. War hier noch etwas zu retten? Sollte er im Rechenschaftsbericht ehrlich sein oder wie jedes Jahr gute Miene zu traurigem Spiel machen?

»Personalentwicklung« heißt die Vokabel, die in vielen Organisationen einschließlich vieler Freiwilligen und Berufsfeuerwehren ein Fremdwort ist. Die Gründe dafür sind vielfältig: Überbordender Alltagskram, fehlender Weitblick oder Ignoranz bei Führungskräften oder deren Vorgesetzten oder nicht beeinflussbare »Sachzwänge«. Zugegeben: Viele Einflussfaktoren auf die Personalsituation liegen tatsächlich außerhalb des Einflussbereichs der Verantwortlichen. Das darf allerdings nicht als Ausrede herhalten, die Personalentwicklung zu vernachlässigen. Aus eigenem Interesse muss betont werden, dass trotz demografischen Wandels und regionalen Veränderungen immer noch Gestaltungsmöglichkeiten bleiben.

Zielstellung der Personalentwicklung ist in jeder größeren Organisation zunächst eine ausgeglichene Alterspyramide. Eine ungleiche Verteilung der Jahrgänge innerhalb der Organisation wird zu irgendeinem Zeitpunkt immer zu Konflikten führen. Manche Löschfahrzeug-Besatzung in deutschen Berufsfeuerwehren rühmt sich bereits, (als Staffel) gemeinsam über dreihundert Jahre alt zu sein. Ein zweites Ziel ist, den Kameraden/Kollegen/Mitarbeitern Entwicklungs- und Entfaltungsmöglichkeiten innerhalb der Organisation zu bieten. Und drittens muss diese Entwicklung ausgewogen und fair erfolgen. Es ist zum Beispiel fatal, Neuzugänge mit (auch finanziellen) Anreizen zu locken und dabei die Altgedienten zu vernachlässigen.

Was ist hier zu raten und zu tun? Ein erster Schritt ist immer, das Problem zum Thema zu machen und dieses nicht weiter zu ignorieren. Viele Feuerwehren haben ein Image-Problem und wollen nicht eingestehen, dass es so nicht mehr weitergeht. Ein erster Schritt in die richtige Richtung sind auch ehrliche Rechenschaftsberichte gegenüber der Verwaltungsspitze.

Freiwillige Feuerwehren sollten sich in den eigenen Reihen eine Führungskraft suchen, die sich ausschließlich mit dem Thema Personalentwicklung beschäftigt. Dazu gehört neben der Nachwuchsgewinnung auch die Lehrgangsplanung und Fragen der Auszeichnung und Beförderung (mehr dazu in einem späteren Kapitel). Vielleicht sollte das Ganze auch Teil der Brandschutz-Bedarfsplanung sein. Wenn Sie sich vergegenwärtigen, wo Ihre Wehr in zwei, fünf oder zehn Jahren stehen soll, kennen Sie auch Ihren Personal- und Ausbildungsbedarf. Daran hängt natürlich auch die Frage nach der Finanzierung.

In Ihrer Öffentlichkeitsarbeit sollten Freiwillige Wehren Mitglieder gezielter werben. Auch kleine ländliche Gemeinden (ausgenommen reine Pendler-Wohnsiedlungen) haben immer noch eine ausreichende Zahl potenzieller Wehrmitglieder im Ort wohnen. Nur erreichen wir diese nicht mehr mit einer Freibierrunde beim Tag der offenen Tür, sondern durch gezieltes Ansprechen möglichst auf eine konkrete zukünftige Aufgabenstellung hin. Klassische Werbung ist tot! Vergessen Sie Breitenwerbung und konzentrieren Sie sich auf wenige Wunschkandidaten. Vor allem: Etablieren Sie Ihre Feuerwehr als Organisation, in der nicht jeder mitmachen darf, sondern in der Qualität und Charakter gefragt sind. Das mag in Ihren Ohren zunächst paradox klingen, weil man dadurch viele Kandidaten von vornherein aussortiert, löst aber mehrere Probleme auf einen Schlag. Zum Beispiel wird es dann nicht mehr zu einem so unüberwindlichen Problem, geeigneten Führungskräfte-Nachwuchs zu finden. Und schließlich – ohne die Wichtigkeit der Jugendfeuerwehr in Abrede zu stellen – sind die Jugendfeuerwehren vielerorts vielleicht nicht mehr die Hauptquelle für den Nachwuchs der aktiven Abteilung.

In Berufsfeuerwehren sollte es wegen interner Ursachen gar nicht erst zu einer grob ungleichen Altersverteilung kommen. Natürlich gibt es externe Gründe, die zu einer personellen Schieflage führen. Dazu gehören z. B. Veränderungen im Dienstsystem z. B. nach der politischen Wende in den neuen Bundesländern. Ein für Personalplanung und Personalentwicklung zuständiger Mitarbeiter in einer Berufsfeuerwehr muss in einer derart komplexen Materie den Rat und die Hilfe des Personalamts der Stadtverwaltung suchen, denn das rechtlich Machbare steht dem fachlich Sinnvollen nicht selten entgegen. Auf diese Stelle gehört ein sehr fähiger Mitarbeiter, der langjährige Erfahrungen im Amt mitbringt, der zum Thema Personalentwicklung geschult ist, der die Mitarbeiter kennt und der mit entsprechenden Befugnissen ausgestattet sein muss. Feuerwehr und Personalamt müssen einen »guten Draht« zueinander haben, müssen »an einem Strang« ziehen und gemeinsam für das »Große Ganze« denken. Die Beseitigung der Defizite ist hier nur auf längere Sicht möglich und es sind Vorlaufzeiten bei Neueinstellungen, Planstellenbesetzungen, Stellenbeschreibungen und Mitbestimmungspflichten zu berücksichtigen.

1. Überlegen Sie allein oder besser im Kreise Ihrer Führungskräfte, wie es um die Personalplanung in Ihrem Hause bestellt ist. Planen Sie in diesem wichtigen Bereich überhaupt oder diktiert Ihnen die tägliche Praxis, wie es mit Ihrem Personal weitergeht?

3.4 Langfristige Personalentwicklung

2. Analysieren Sie Ihre derzeitige Lage, d. h. Ihren Ausgangspunkt für künftige Planungen. Haben Sie noch Spielräume oder kriechen Sie schon auf dem Zahnfleisch? Was ist Ihr Kernproblem – die Anzahl der Leute, die Verfügbarkeit oder deren Qualifikation?
3. Wo können Sie fachliche Hilfe beim Planen erhalten? Haben Sie jemanden, der sich hier einarbeiten kann und will? Können Sie von außen Hilfe erwarten? Gibt es in anderen Feuerwehren/Organisationen gut durchdachte Konzepte, die Sie übertragen können?
4. Für das Ehrenamt: Lesen Sie die oben aufgeschriebenen Hinweise noch einmal. Was halten Sie davon? Handeln Sie schon danach? Haben alle Ihre Kameraden bzw. Kollegen diese Grundsätze verstanden?

Alles in allem kann Personalentwicklung auch Freude machen, weil es eine anspruchsvolle Führungsaufgabe ist. Sind Sie damit fertig (wirklich fertig wird man allerdings nie), können Sie davon ausgehen, wichtige Weichen für die Zukunft gestellt zu haben und Sie können entspannt, weil vorbereitet, in die Zukunft gehen. Vergessen Sie nicht, ausgewählte und abgestimmte Arbeitsergebnisse gegenüber den Mitarbeitern zu erklären. Auch wenn nicht alle Details von jedem verstanden werden, entsteht doch Vertrauen in die Führung und Verständnis für bestimmte Probleme auf dem langen Weg.

3 Instrumente und Methoden

3.5 Orden, Titel und Befrackung – Auszeichnung und Beförderung

Auch wenn es Ihnen selbst nicht so gehen sollte: Auszeichnungen, Ehrungen und Beförderungen sind nach wie vor ein wichtiges Führungsinstrument, nicht nur im ehrenamtlichen Bereich. Auf diesem Gebiet kann man eine Menge Fehler machen und ungewollt Mitglieder und Mitarbeiter vor den Kopf stoßen. Widmen Sie diesem Kapitel ausreichend Zeit und verwenden Sie es, um (auch im Kreis Ihrer Führungskräfte) dieses Thema neu zu überdenken.

Geschmeide und Geräte von Silber und Gold trägt nicht mehr zur Bequemlichkeit bei, als das von Stahl und Zinn, aber die mit diesem Besitz verbundene Auszeichnung reizt zu Anstrengungen des Körpers und des Geistes, zur Ordnung und Sparsamkeit und diesem Reiz verdankt die Gesellschaft einen großen Teil ihrer Produktivität.
Daniel Friedrich List

Orden sind ein kostensparender Gegenstand, der es ermöglicht, mit wenig Blech viel Eitelkeit zu befriedigen.
Aristide Briand

Von außen betrachtet, war der Anblick zum Schießen. Seine Orden an der Tuchuniform mussten zwangsläufig irgendwann zu einem Haltungsschaden führen. Wie praktisch, dass seine Frau Physiotherapeutin war. Als Gemeindewehrleiter war er nun 12 Jahre im Amt, als er die aktuellste Auszeichnung angeheftet bekam. Er nahm sie mit stolz geschwellter Brust entgegen und stand auf der Tribüne wie ein Hahn im Hühnerhof. Die Ehrennadel fand ihren würdigen Platz zwischen Ortswappen-Anstecknadel und Fluthelferorden. Die jungen Kameraden munkelten bei der Jahreshauptversammlung, dass man ihn nach seinem Ableben einmal verschrotten müsse und die Älteren rätselten, wer ihn um alles in der Welt immer für die Auszeichnungen vorschlug. Was er es am Ende selber? Das Blau der Uniformjacke jedenfalls schimmerte hinter dem angesteckten Stoff und Blech kaum noch durch. Er selbst schien die Späße seiner Kameraden gar nicht zu bemerken. Die Situation wäre auch durchaus komisch, wenn nicht in seiner Feuerwehr und unter seiner Regie fast ausschließlich nach Gesicht und Dienstalter befördert wurde. So hatten es langjährige Mitglieder mit Vollbart und Bierbauch im Rentenalter bis an die Spitze der Dienstgrade geschafft, ohne je einen Lehrgang besucht zu haben. Währenddessen gingen die besser ausgebildeten und auch schon einsatzerfahrenen Jüngeren meistens leer

3.5 Orden, Titel und Befrackung – Auszeichnung und Beförderung

aus. Diese Schieflage führte dazu, dass es innerhalb der Wehr im Vorfeld der alljährlichen Jahreshauptversammlung regelmäßig gärte.

Weil wir gerade beim Thema Motivation waren: Obwohl ich selbst es anders vermutet hatte, stellt die Form der Anerkennung ehrenamtlichen Engagements durch Auszeichnungen und Beförderungen auch heute und vermutlich auch zukünftig einen nicht zu unterschätzenden Motivationsfaktor in allen ehrenamtsbasierten Organisationen dar. Besonders Freiwillige Feuerwehren pflegen einen ortsspezifischen und eingeschliffenen Umgang mit diesem Thema. Bei Jahreshauptversammlungen und öffentlichen Anlässen werden Orden und Ehrenzeichen angeheftet, meist verbunden mit einem Präsent und günstigenfalls mit einem Geldbetrag. Diese Routine kann dazu führen, dass wenig über Sinn und Ziel dieser Praxis nachgedacht wird.

Die bei Ehrungen überreichten Gegenstände und Ehrenzeichen haben sowohl einen materiellen als auch einen ideellen Wert. Obwohl der materielle Wert keine Entschädigung oder Entlohnung für die geleistete Arbeit darstellen soll, gibt es doch einen Zusammenhang zwischen dem materiellen und symbolischen Wert des Präsents. Dieser Grundsatz wird viel zu wenig beachtet, wird aber von den Ausgezeichneten sehr wohl wahrgenommen. Die Wehrmitglieder wissen, dass das Präsent keine Bezahlung darstellt, haben aber ein feines Gespür dafür, ob es der geleisteten Arbeit angemessen ist oder nicht. Und die Kameraden im Publikum haben sehr wohl ein feines Gespür dafür, ob die Auszeichnung/Beförderung verdient geschieht, oder nicht. Das Sprichwort, dass Orden und Bomben immer die Falschen treffen, ist durchaus allgemein bekannt.

Damit Ehrungen und Beförderungen ihren Zweck erreichen, hier einige grundsätzliche Gedanken:

- Herausragende Leistungen sollten genauso honoriert werden, wie kontinuierlich gute Arbeit. Auch Tätigkeiten im Verborgenen (»hinter den Kulissen«) sollten berücksichtigt werden. Oft verlangt kontinuierlich und treu getane Arbeit mehr Kraft als eine gelegentliche Heldentat oder ein Projekt, mit dem man glänzen kann.
- Auch bei angespannter Haushaltslage sind Präsente ein falscher Ansatzpunkt von Sparmaßnahmen. Wenn es dafür keine Haushaltsstelle gibt, muss eine eingerichtet werden. In der Regel erkennen die Geehrten, ob hier Geld ausgegeben wurde oder nur ein Werbegeschenk weitergereicht wird.
- Anerkennende Worte gehören natürlich zu den genannten Veranstaltungen wie das Amen zur Kirche. Diese sollten allerdings nicht (nur) von der

Wehrführung ausgesprochen werden, sondern von einem Gemeindevertreter im Namen der Gemeinde.

- Als Präsente empfehlen sich solche, die die Individualität des Geehrten oder der eigenen Feuerwehr ausdrücken. Fragen Sie doch einmal in lockerer Runde nach, was sich Ihre Kameradinnen und Kameraden wirklich als Präsent wünschen, wenn die Reihe an Sie kommt. Meine Erfahrung: Auch die Älteren fahren nicht mehr so sehr auf die klassischen Zinnteller, Wanduhren und Bierkrüge ab. Wollen Sie mit einer Auszeichnung wirklich eine Freude machen, versuchen Sie es doch mal mit einem individuellen Geschenk, z. B. einer Armbanduhr, einem Rettungsmesser oder einem Modellfahrzeug. Vielleicht fragen Sie bei der Partnerin/beim Partner nach, was der zu Ehrende sich wünschen würde.

Bei den Beförderungen ergibt sich das Problem, dass hier die tatsächlich erreichten Dienstgrade der freiwilligen Angehörigen der Feuerwehr oft nicht mit den jeweils geltenden Rechtsvorschriften übereinstimmen. Die immer noch verbreitete Praxis, bei Beförderungen vorwiegend das Dienstalter zu berücksichtigen, kann auf motivierte und engagierte Kameradinnen und Kameraden einen demotivierenden Einfluss haben. Eine schrittweise Anpassung der Beförderungspraxis an das geltende Recht ist also notwendig. Dass Sie dabei manchen vor den Kopf stoßen, ist nahezu unvermeidlich. Um der Fairness willen müssen Sie aber irgendwann damit anfangen. Unabhängig davon, welchen Wert der Einzelne auf eine Auszeichnung/Beförderung legt, muss das Potenzial dieser klassischen Motivationsmöglichkeit auch in Zukunft mit Sinn und Verstand ausgeschöpft werden.

Im Rahmen Ihrer nächsten Dienstberatung oder Wehrleitersitzung sollten Sie einmal folgende Punkte zur Diskussion stellen:

1. Ist es an der Zeit, einmal die Praxis der Auszeichnung und Beförderung zu überdenken? Muss dazu ggf. eine Satzung erarbeitet bzw. überarbeitet werden? Wer soll an der Beratung über dieses Thema beteiligt werden?
2. Wie können wir auch Tätigkeiten honorieren, die zuverlässig, aber im Verborgenen durchgeführt werden? (Denken Sie auch an Reinigungsarbeiten, Prüfpflichten von Geräten und Ausrüstungen usw.)
3. Sind die überreichten Präsente noch zeitgemäß und repräsentieren sie in etwa den Wert der geleisteten Arbeit? (Einem Kameraden für 25 Jahre Dienst in der Freiwilligen Feuerwehr ein Präsent im Wert von 10 Euro zu überreichen, tut dies nicht.)

3.5 Orden, Titel und Befrackung – Auszeichnung und Beförderung

4. Für die Freiwillige Feuerwehr: Entspricht Ihre Beförderungspraxis den geltenden Rechtsvorschriften oder haben Sie hier eine Schieflage? Wie und in welchem Zeitrahmen können Sie Ihre Praxis den rechtlichen Vorgaben anpassen?

In der Praxis scheint vielen Kameraden die Trageweise der Auszeichnungen unbekannt zu sein. Eine gute Vorgabe sind die Richtlinien der Landesfeuerwehrverbände und des Deutschen Feuerwehrverbandes, die im Internet nachgelesen werden können. Auch einzelne Kreisfeuerwehrverbände haben dazu Richtlinien erlassen, die einzuhalten sind bzw. an denen man sich orientieren sollte.

3 Instrumente und Methoden

3.6 Wozu die Gefahrenmatrix? – Sinn und Unsinn von Führungsmodellen

Als Führungskraft im Rettungsdienst oder in der Feuerwehr haben Sie natürlich auch Führungsaufgaben im Einsatz. Hier wurden Ihnen im Rahmen Ihrer Ausbildung verschiedene Hilfsmittel an die Hand gegeben. Wenn Sie ehrlich sind, werden Sie zugeben, dass Sie vieles davon nicht anwenden und im Einsatz anders entscheiden, als es Ihnen beigebracht wurde. Entscheidungen »aus dem Bauch heraus« führen aber auch nicht zu optimalen Ergebnissen. Diese Lektion soll Sie dazu anregen, über Sinn und Unsinn von Führungsmodellen neu nachzudenken und entsprechend Ihrer Führungsebene Konsequenzen zu ziehen.

Führung ist die Einflussnahme auf die Entscheidungen und das Verhalten anderer Menschen mit dem Zweck, mittels steuerndem und richtungsweisendem Einwirken vorgegebene und aufgabenbezogene Ziele zu verwirklichen.
Leitung im Einsatz ist das gesamtverantwortliche Handeln für eine Einsatzstelle und für die dort eingesetzten Einsatzkräfte.
Feuerwehr-Dienstvorschrift 100

Theorie ist Wissen, das nicht funktioniert. Praxis ist, wenn alles funktioniert und man weiß nicht warum.
Hermann Hesse

Mit neuen Ideen, guten Vorsätzen und viel Engagement kam er als frischgebackener Führungsdienst von seiner Laufbahnausbildung für den gehobenen Dienst von der Feuerwehrschule. Die zwei Jahre Ausbildungszeit waren wie im Flug vergangen, seine akademische Vorbildung hatte ihm das Ganze nicht schwer erscheinen lassen und schließlich hatte er einen guten Abschluss erzielen können. Sein fester Vorsatz für das neue Amt: »Alles richtig machen, eingefahrene Gleise verlassen, wenn notwendig auch alte Zöpfe abschneiden.« Er hatte in der ersten Arbeitswoche sein Büro halbwegs eingerichtet, einen monströsen Wandkalender aufgehängt; die geschenkten Grünpflanzen gleichmäßig im Zimmer verteilt und bereits seinen Einstand in der Freiwilligen Feuerwehr mit hauptamtlichen Kräften gegeben. Seine erste Dienstberatung mit verschiedenen Ämtern der Stadtverwaltung wurde von einem Einsatzalarm unterbrochen. Der Funkmeldeempfänger zeigte »Rauchentwicklung aus leerstehendem Bahnhofsgebäude«. Seine Ortskenntnis in der 60.000-Einwohner-Stadt war noch mangelhaft, das Navi war gewöhnungsbedürftig; trotzdem schaffte

3.6 Wozu die Gefahrenmatrix? – Sinn und Unsinn von Führungsmodellen

er es, mit dem Einsatzleitwagen der Erste an der Einsatzstelle zu sein. Die Rauchentwicklung war beträchtlich und schon von Weitem zu sehen gewesen. Der Löschzug der Hauptamtlichen traf eine halbe Minute später ein. Gerade kam er von der Lageerkundung zurück; diese gründlich durchzuführen, war existenziell wichtig! Hinter dem Gebäude musste er sich durch eine dichte Brombeerhecke kämpfen. Er war dabei gedanklich die Gefahren der Einsatzstelle durchgegangen, hatte diese beurteilt, Varianten zur Brandbekämpfung erwägt und sich einen Entschluss zurechtgelegt. Als er dabei war, einen korrekten Einsatzbefehl zu formulieren, kam der Zugführer des Löschzuges auf ihn zu, tippte kurz mit der Hand an den Helm und meldete »Feuer aus!«

Der sogenannte Führungsvorgang ist laut Feuerwehr-Dienstvorschrift 100 ein »zielgerichteter, immer wiederkehrender und in sich geschlossener Denk- und Handlungsablauf.« Und weiter heißt es: »Oft müssen sofort Entschlüsse gefasst und Befehle erteilt werden, ohne dass die Erkundung und Beurteilung der Lage umfassend abgeschlossen werden konnten.« Der erste Satz findet in der Lehre der Landesfeuerwehrschulen Berücksichtigung, dem zweiten wird – wenn überhaupt – durch Vorbefehle an der Einsatzstelle – Rechnung getragen.

Der Führungsvorgang nach FwDV 100 wird einheitlich (mit kleinen Abweichungen) v. a. an den Feuerwehrschulen gelehrt, ist in der Fachliteratur umfassend beschrieben und hat dazu beigetragen, dass Generationen von Führungskräften in Deutschland gelernt haben, aufgrund einer rationalen Überlegung zu ihren Einsatzentscheidungen zu gelangen. Alle diese Modelle sind an sich praxistauglich und bewährt. Ein wesentlicher Vorteil insbesondere des Führungsvorgangs ist, dass man alle denkbaren Einsätze der Feuerwehr damit abarbeiten kann. Sowohl der Brand eines Papierkorbes, als auch das Zugunglück lassen sich mit dem Führungsvorgang bewältigen.

Leider wird im Lehrbetrieb an manchen Ausbildungsstätten der Zeitdruck-Aspekt des Feuerwehreinsatzes außer Acht gelassen, was verständlich ist, muss man doch dem Führungskräfte-Nachwuchs zunächst den Ablauf an sich Schritt für Schritt beibringen. Da die Ausbildungszeiten im Ehrenamt sehr kurz sind, bleibt es dann dabei: An den Ausbildungs-Einrichtungen werden Details überbetont, seitens der Lehrgangs-Teilnehmer wünscht man sich feste »Lehrmeinungen« zu Paradebeispielen X, Y und Z, die in der Praxis so nicht vorkommen. Als Folge zieht man sich allzu vorsichtige und zögerliche Führungskräfte heran. Später, im »wahren Leben«, wird der Führungsvorgang dann ganz fallen gelassen; froh, den »theoretischen Ballast« los zu sein. Schade eigentlich! In ihrer Einsatzpraxis wenden junge und alte Führungskräfte den systematischen Führungsvorgang nicht an. Es ist, als hätten sie nie einen Lehrgang besucht. Sie tun dann in der Regel das, was ihnen ihr »Bauchgefühl« vorgibt. Der Begriff Bauchgefühl ist hier natürlich mehrdeutig. Damit kann das Unterbewusstsein, der sogenannte gesunde Menschenverstand oder die eigene (Einsatz-)Erfahrung gemeint sein, wobei letzteres noch die beste Alternative wäre.

Worauf ich hinaus will: Eine Entscheidung aufgrund des durchlaufenen Führungsvorgangs und eine Entscheidung aus Erfahrung müssen kein Widerspruch sein. In der Einsatzpraxis kann eine Führungskraft sogar auf unterschiedlichen Wegen zu ein und demselben Ergebnis gelangen. Was ich mir für die Zukunft wünsche: Dass Lehrgangsteilnehmern an den Feuerwehrschulen der Sinn und Zweck des Führungsvorgangs, nicht nur der Inhalt, deutlicher nahegebracht wird. Wir haben damit ein taugliches Werkzeug, ein Hilfsmittel; aber das Instrument ist nie die Arbeit an sich. Was ich mir außerdem wünsche: Dass wir einen goldenen Mittelweg finden zwischen einem wohldurchdachten, gründlich abgearbeiteten Führungsvorgang und einem feuerwehrmäßigen, gezielten »Losschlagen« an der Einsatzstelle. Hilfreich hier: Mehr Gewicht auf die Erteilung von Vorbefehlen, feste »Immer-richtig-Regeln« und Standard-Einsatzregeln legen.

Zum dritten: Wir »vermenschlichen« einen Prozess der Informationsverarbeitung, der eigentlich aus der Verfahrenstechnik stammt. Interessant für deutsche Feuerwehren ist in diesem Zusammenhang beispielsweise die Schulung der US-amerikanischen Führungskräfte. Ausgehend von der Erkenntnis, dass auch in den USA die Praktiker die im Klassenzimmer oder im Schulungsraum erlernten Führungsmodelle kaum anwenden, war man dort auf der Suche nach praxistauglicheren Erkenntnissen. Ursprünglich wurden die entsprechenden wissenschaftlichen Untersuchungen für das Militär durchgeführt. Wegen der Gefahren des Militärdienstes im Feld wurden anstelle des Militärpersonals Feuerwehr-Führungskräfte untersucht, die im Einsatzfall einem ähnlichen Stress ausgesetzt sein können. Gelehrt wurde in den USA bisher ein Entscheidungsfindungs-Prozess, der dem deutschen Führungsvorgang nach der Feuerwehr-Dienstvorschrift 100 ähnelt. In der Fachliteratur werden Modelle diskutiert und gelehrt, die mehr erfahrungsorientiert sind (Smith, 2018). Sie basieren darauf, eine angetroffene Situation an der Einsatzstelle auf eine bereits bekannte Situation zurückzuführen und entsprechend zu bewältigen. Folgende Abbildung stellt die gedanklichen Schritte übersichtlich dar:

3.6 Wozu die Gefahrenmatrix? – Sinn und Unsinn von Führungsmodellen

**Entscheidungsfindung durch Wiedererkennung
(Recognition-primed Decision-making process)**

1. Führe eine schnelle Lageerkundung durch.
2. Erkenne einen "typischen" Weg, das Problem zu lösen.
3. Konzentriere dich auf die wichtigsten Informationen und suche nach Erklärungen für ungewöhnliche Erscheinungen.
4. Finde eine einzige Lösungsvariante und schließe Varianten aus, die nicht funktionieren werden. Wiederhole diesen Vorgang, bis du eine Option gefunden hast, die zum gewünschten Ergebnis führt.
5. Überlege dir die möglichen Folgen deiner getroffenen Entscheidung.
6. Suche nach möglichen Problemen oder unerwarteten Situationen, die deinen Plan beeinflussen können und ziehe diese mit in Betracht.
7. Wenn du in Gedanken einen funktionierenden Plan gemacht hast, setze ihn in die Tat um.

Bild 5: *Entscheidungsfindung durch Wiedererkennung (nach Gasaway, 2010)*

Vielleicht ist es den Versuch wert, diesen Prozess einmal unter Führungskräften und anhand eines bekannten Szenarios an der Modellplatte oder in einer virtuellen Umgebung übungsmäßig zu durchlaufen. Die Schlussfolgerungen aus den Gedanken dieses Kapitels finden Sie unten unter den Hinweisen zur Praxis.

Der erste und zweite praktische Hinweis gilt nur für Führungskräfte, die im Bereich Aus- und Fortbildung tätig sind:

1. Falls Sie Ausbilder/Lehrkraft an einer Feuerwehr- oder Rettungsdienstschule sind oder sonst Führungskräfte auf Gemeinde- oder Landkreisebene aus- und fortbilden, sollten Sie nicht nur das jeweilige Führungsmodell an sich lehren, sondern (wenn Sie das nicht bereits tun) zukünftig mehr Wert auf die Vermittlung von Sinn und Zweck des Führungsvorgangs legen.
2. Zweitens sollten Sie (wenn es Ihre Zeit erlaubt) neueste Erkenntnisse der Psychologie und der Neurologie in die Führungslehre mit einfließen lassen. Wie »ticken« Menschen, insbesondere unter Stress? Wie treffen wir tatsächlich Entscheidungen unter Zeitdruck? Verschiedene Fachzeitschrif-

ten haben in den letzten Jahren über dieses Thema berichtet und zahlreiche wissenschaftliche Arbeiten wurden darüber verfasst.

Der dritte und vierte Hinweis richten sich an Führungskräfte die im Einsatzdienst stehen und dort im Rahmen ihrer Tätigkeit Verantwortung für Nachwuchskräfte tragen:

3. Es sollte eigentlich kein Luxus für Nachwuchs-Führungskräfte sein, eine Zeitlang mit einer erfahrenen Führungskraft im Einsatz nebenher »mitzulaufen«. Leider hat sich dieser »Brauch« in manchen Feuerwehren aus verschiedenen Gründen zurück entwickelt. Teilweise fehlt auf den Einsatzfahrzeugen (insbesondere HLF) ein Platz für einen Praktikanten. Diese gute Tradition sollte aus den oben genannten Gründen aber wieder aufleben! In jedem Beruf kennt man Einarbeitungszeiten. Gerade in unserer Branche, in der es regelmäßig um hohe Werte geht (Menschenleben, Tiere, Sachwerte, Umwelt), sollte man darauf nicht verzichten.
4. Die Gedanken aus dem obigen Text unterstreichen, wie wertvoll Einsatz- und Übungsauswertungen für den Feuerwehrdienst sind. Falls Sie diesen Bereich bisher vernachlässigt haben, fangen Sie neu damit an. Die Lehren – auch aus kleineren Einsätzen – sind oftmals unverzichtbar und heben das fachliche Niveau aller Beteiligten. Hangeln Sie sich bei solchen Veranstaltungen am Führungsvorgang entlang, damit dieser auch für die Praktiker wieder zu Ehren kommt.

4 Information und Kommunikation

4.1 Verein, Firma oder Feuerwehr – Selbstverständnis und Außenwirkung

Wir leben in einer globalisierten Welt. Unsere Zeit wird immer schnelllebiger und hergebrachte Werte sind im Wandel begriffen. Auch das Selbstbild staatlicher und privater Organisationen ist davon betroffen. Es ist aber dieses Selbstverständnis, das hintergründig und unbewusst über die alltäglichen und kleinen Aktivitäten und Entscheidungen bestimmt. Diese Einheit soll Ihnen dabei helfen, Ihr persönliches Bild und das Ihrer Mitarbeiter von Ihrer Feuerwehr oder Hilfsorganisation zu hinterfragen. Denn nicht alles, was modern ist, ist deshalb gut und richtig. Setzen Sie sich kritisch mit dem gegenwärtig sehr modernen Ansatz auseinander, Behörden und Hilfsorganisationen v. a. als Dienstleister zu verstehen.

Werden Nationen alt, sterben die Künste aus und der Kommerz setzt sich auf jeden Baum.
William Blake

Die menschliche Seele benötigt mehr Ideale als Realitäten. Mit der Realität lebst du, mit den Idealen existierst du. Nun, wollt ihr, dass wir den Unterschied berechnen? Die Tiere leben, die Menschen existieren.
Victor Hugo

Vornehme Naturen sind schlechte Geschäftsleute.
Honoré de Balzac

Der Gang zum Briefkasten hatte sich heute gelohnt; nun hatte er es schwarz auf weiß: Er war für den höheren feuerwehrtechnischen Dienst geeignet. Mit dem entscheidenden Schreiben konnte er sich in einer Stadt seiner Wahl bewerben. Für den Einstellungstest bei der Berufsfeuerwehr wurde ein Assessment-Center eingerichtet. Nach einer flüchtigen, aber freundlichen Begrüßung nahm er etwas nervös den angebotenen Platz in dem nüchternen Bratungsraum ein. An Selbstbewusstsein fehlte es ihm nicht, trotzdem kam er gegen die innere Unruhe nicht an. Er hatte Fragen erwartet, die sich auf seine bisherige Arbeit in der Feuerwehr und sein Ehrenamt im Rettungsdienst bezogen. Immerhin hatte er einiges vorzuweisen und seine Lehrgangszertifikate und Teilnahmebescheinigungen füllten beinahe einen Ordner. Stattdessen sollte er lediglich darlegen, welche Vorteile es aus seiner Sicht brächte, eine Berufsfeuerwehr zu privatisieren. Dieser Gedanke war ihm bis dahin noch gar nicht untergekommen; entsprechend unsicher fiel seine Antwort aus. Improvisierend lavierte er sich durch mögliche Vor- und Nachteile. Wie er sich selber kannte, verriet sein Gesichtsausdruck aber zu viel von seinen Gedanken. Nach fünf Minuten eines nicht sehr befriedigenden Gesprächs änderte sich der Tonfall seines Gegenübers. Ob das gespielt war, konnte er nach diesem kurzen Gespräch nicht einschätzen. Was er davon halte, dass nun auch vermehrt Frauen in den Berufsfeuerwehren eingestellt würden und wie er sich im Falle einer »Anmache« verhalten würde. Er versuchte eine politisch korrekte Antwort hinzubekommen; gegen Frauen in der Feuerwehr hatte er nun wirklich nichts. Im Gegenteil, er kannte aus seiner Freiwilligen Feuerwehr zuhause einige Beispiele, bei denen die Frauen den Männern gezeigt hatten, wo der Hammer hängt. Sein Gesprächsleiter spielte Ungeduld, wurde zudringlich und meinte, er solle endlich mal mit der Sprache herausrücken. Notfalls würde man eben seine Freundin anrufen, um an eine ehrliche Meinung zu kommen. Nur mit Mühe gelang es ihm, die Ruhe und die Fassung zu bewahren und sich solche Praktiken zu verbitten. Fertig mit sich und der Welt und wie benebelt verließ der den Raum, den er vor fünfzehn Minuten trotz seiner Aufregung auch mit Vorfreude betreten hatte. Immer noch traumtänzerisch drehte er den Zündschlüssel seines Kleinwagens; er würde benachrichtigt werden. Draußen im Vorraum warteten derweil immer noch fünf weitere Kandidaten in schicken Anzügen und politisch korrektem Gesichtsausdruck. Der biegsamste von ihnen würde gewinnen.

Ob Assessment-Center bei Einstellungstests eine gute Idee sind, soll hier nicht zur Debatte stehen. Viel wichtiger ist die Frage nach dem Selbstverständnis bzw. dem Selbstbild unserer Organisationen als ein Unternehmen, das bei solchen Veranstaltungen abgefragt wird – ein Selbstbild, das viele frisch gebackene Führungskräfte wie einen Keim in sich tragen. Sollte sich dieser Keim auswachsen, steht unseren Feuerwehren ein tiefgreifender Wandel bevor, dessen Früchte uns möglicherweise nicht schmecken werden. Die im gesamten Verwaltungsbereich und auch im Feuerwehrwesen verwendeten Begrifflichkeiten deuten jedenfalls auf einen stillen Paradigmenwechsel im Selbstverständnis der Behörden und Organisationen hin. Eine Vielzahl von Veröffentlichungen spricht vom Wandel der öffentlichen Verwaltungen zu modernen Dienstleistungsunternehmen. Im Jahresprogramm einer Fortbildungseinrichtung (SKVS, 2008) war zu lesen:

4.1 Verein, Firma oder Feuerwehr – Selbstverständnis und Außenwirkung

»Die zunehmende Profilierung der öffentlichen Verwaltung als modernes Dienstleistungsunternehmen erfordert es, die eigene Kompetenz und Leistungsfähigkeit in der Öffentlichkeit wirkungsvoll zu ›verkaufen‹, ein Konzept, das in den Verwaltungen auf breite Akzeptanz stößt und unter dem Stichwort ›Verwaltungsmarketing‹ zusammengefasst wird. Schließlich gilt es nicht nur, dem Legitimationsdruck einer kritisch eingestellten Öffentlichkeit entgegenzuwirken, sondern auch die Konkurrenzfähigkeit gegenüber Wirtschaftsunternehmen unter Beweis zu stellen.«

In diesem kurzen Text stecken gleich mehrere Fragwürdigkeiten, wenn nicht ausgewachsene Lügen. Zumindest alle öffentlichen Feuerwehren sind (unselbständige) Teile von Verwaltungen. Bei einer Umdeutung von »Verwaltung« in »Unternehmen« ändern sich dann konsequenterweise auch im Dienstalltag die Begrifflichkeiten. An der Sprache wird erkennbar, welche Absicht vertreten wird. Denn die »Dienstleistungs-Fraktion« in unseren Reihen entlehnen ihr Sprachgut meist dem Wirtschafts-Englisch. (Häufig würde man allerdings im englischsprachigen Teil der Welt die Dinge niemals so ausdrücken.) So wurde in einer Feuerwehr-Fachzeitschrift eine Leitstelle zum »Callcenter der Gefahrenabwehr«, bei der Einsatzabwicklung werden »Best-practise-Beispiele« und bei der Fahrzeugbeschaffung die »Nice-to-have-Variante« gesucht. Das Entfernen der Autoscheiben beim Verkehrsunfall wird zum »Glasmanagement« gekrönt, die Zusammenarbeit der Feuerwehr mit Firmen zur »Public-private-partnership«, eine stinknormale Weiterbildung zur »Inhouse-Schulung«; der Feuerwehrhelm mit Nackenleder mutiert zum »Head-protection-system«. Abzuwarten bleibt der Tag, an dem der Erste eine Einsatzübung als »Outdoor-Event« ankündigt. Ein Autor in der Zeitschrift BRANDSchutz (Pulm, 2008):

»Die moderne Feuerwehr ist ein Dienstleistungsunternehmen, das von der Gemeinde vorgehalten wird, um bei Bedarf dem ›Kunden‹ jederzeit und binnen weniger Minuten bei der Bewältigung einer Krise zur Seite zu stehen. Sie ist eine ›high reliability organisation‹ innerhalb der Gemeindeverwaltung – innerhalb des ›Konzerns‹ Stadt, und in dieser Art einzigartig und unersetzlich.«

Was vielen Anwendern der modernen Begriffe möglicherweise nicht bewusst ist: Namen sind nie nur »Schall und Rauch«. Mit den modifizierten Wörtern geht eine stillschweigende Neufassung der Inhalte einher. Der Feuerwehr, die in ihrem Selbstverständnis (je nach Art der Organisation) bisher eine Mischung aus öffentlicher Verwaltung, lokalem Verein mit sozialer Verantwortung und auch Einrichtung mit militärischen Zügen und Grundsätzen gewesen ist, blüht scheinbar eine Zukunft als Wirtschaftsunternehmen. Was wird daraus werden?

4 Information und Kommunikation

Zunächst enthält die Idee, den Bürger als »»Kunden« im wirtschaftlichen Sinne zu behandeln und Einsatzhandlungen und Dienstbetrieb nach Effektivität und Effizienz zu beurteilen, viel Positives. (Das hat jede anständige Führungskraft allerdings schon immer getan.) Der Einfachheit halber unterstellen wir hier, dass in der sogenannten »freien Wirtschaft« der Bürger tatsächlich als Kunde König ist. Einig sind wir uns hier alle: Die vormals verbreitete Sichtweise des Bürgers als Bittsteller gegenüber dem Staat ist nicht mehr zeitgemäß. Die moderne Betrachtungsweise des Bürgers als Kunden ist jedoch auf der anderen Seite eine unzulässige Vereinfachung.

Bei den wenigen kostenpflichtigen Feuerwehreinsätzen (z. B. dem Auspumpen eines Kellers oder einer Baumfällung ohne den Aspekt der Gefahrenabwehr) mag der Bürger als Kunde in Erscheinung treten; ansonsten ist er in jedem originären Feuerwehreinsatz zuerst und zumeist Patient, Opfer, Betroffener. Beim Wasserpumpen aus dem Keller mag er sich für diese Aufgabe genauso gut eine Firma wählen können, aber als eingeklemmte Person beim Verkehrsunfall definieren bereits die hoheitlichen Rechte, mit denen sich die Feuerwehr Zugang zur Einsatzstelle verschafft, die Person als Patienten und nicht als Kunden.

Eine gewichtige Kritik an diesen ach so modernen Ansichten kommt von außerhalb der Feuerwehr, vom Bundesdatenschutzbeauftragten Peter Schaar in seinem Buch »Das Ende der Privatsphäre« (Schaar, 2007):

»Vielfach wird [...] von ›Kundenorientierung‹ gesprochen, wobei sich die Verwaltung als Dienstleistungsunternehmen versteht. Völlig unbestritten ist natürlich, dass der Bürger bei seinen Kontakten zum Staat unterstützt werden muss, dass über seine Anträge zügig entschieden werden sollte und dass seine Fragen prompt und richtig beantwortet werden müssen. Beschreibt dieses Rollenverständnis aber das Verhältnis von Bürger und Staat wirklich zutreffend? [...] Der Begriff ›Kunde‹ führt [...] vielfach auf eine falsche Fährte. Nach dem Menschenbild des Grundgesetzes, wie die Verfassungen aller modernen Demokratien (in denen von ›Kunden‹ übrigens keine Rede ist), hat der Staat die Menschenwürde zu gewährleisten. Den Bürgern stehen Grundrechte zu, die von staatlicher Stelle zu akzeptieren und zu schützen sind. Schließlich darf nicht vergessen werden, dass die Bürger in ihrer Gesamtheit [...] der Souverän sind, von dem alle Macht ausgeht.«

Schlussfolgerung: Die Feuerwehr als Organisation lässt sich nach geltendem Recht niemals komplett mit einem Wirtschaftsunternehmen gleichsetzen, es sei denn das deutsche Feuerwehrwesen würde in private Hände gegeben. Bis heute wird eine Feuerwehr nicht auch nur annähernd den Auslastungs- und Kostendeckungsgrad eines Betriebes erreichen und wie eine Firma zu führen sein. Der Grund hierfür liegt in

4.1 Verein, Firma oder Feuerwehr – Selbstverständnis und Außenwirkung

der besonderen Art und Weise der Feuerwehrarbeit, die ohne den sozialpolitischen und militärischen Aspekt und die spezifische Berufsethik nicht vorstellbar und in der freien Wirtschaft ohne Vergleich ist. Die Wirtschaftswelt lebt nicht von Freiwilligkeit, Ehrenamt und Nächstenliebe. Ohne diese Kernpunkte aber ist zumindest Freiwillige Feuerwehr, wie sie in Deutschland gewachsen ist, undenkbar.

Und die Führungskräfte in Berufsfeuerwehren tun gut daran, sich genau zu überlegen, was man aufgibt, wenn man sich von der besonderen Berufsethik verabschiedet, die sich ja auch im Beamtenrecht widerspiegelt. Die unkritische, vollständige und allzu euphorische Übertragung wirtschaftlicher Sichtweisen auf ehrenamtsbasierende Organisationen kann also nicht folgenlos bleiben.

Die Teilbereiche der Feuerwehrarbeit sind insgesamt kein Experimentierfeld für neue Ideen. Die Folgen einer leichtfertigen Anbiederung an den Zeitgeist müssen abgeschätzt werden. Eine einschneidende Folge liegt auf der Hand: Wer die Feuerwehr als Dienstleistungsunternehmen versteht, muss sich neue Gedanken über Finanzfragen machen. Ein weiterer Grund, der gegen eine Umstellung der Feuerwehr als Business spricht: Wer Veränderungen bewirken will, muss seine »Mitarbeiter« auf diesem Weg mitnehmen; Überzeugungsarbeit leisten. Die Umgestaltung einer Feuerwehr in Richtung eines Unternehmens ist aber den Kameraden bzw. Kollegen wahrscheinlich nicht zu vermitteln und von der Mehrheit der Mitglieder schlichtweg unerwünscht. Daher gerät eine Überbetonung von Kosten-Nutzen-Verhältnissen, Haushaltsrechnungen und Kostendeckungsgrad unter Außerachtlassung der Besonderheiten des Ehrenamts und der Berufsethik zum Totengräber der Organisation in ihrer bisherigen Ausprägung. Beispielsweise ist es wichtig, bei der Neubeschaffung von Fahrzeugen und Ausrüstung, bei Auszeichnungen und Beförderungen den ideellen Wert für die Wehrmitglieder zu berücksichtigen.

Im Bereich der Menschenführung müssen Managementkonzepte aus der Wirtschaft kritisch auf ihre Eignung für die Feuerwehr geprüft werden, da in diesem Bereich heute in großem Stil Methoden vermittelt werden, die ethisch fragwürdig sind und gemeinsame Werte eher zerstören, anstatt sie zu befördern. Ungeschönt und grob vereinfacht ausgedrückt: Es wird an Büchern und Seminaren eine Menge Müll verkauft. Wertezerstörende Gedanken finden sich leider heute in allen Bereichen der Literatur für Führungskräfte, im Bereich der Menschenführung allgemein und in allen Teilbereichen, z. B. der Psychologie und der Rhetorik. Die Gefahr liegt darin, dass solche Methoden von profilierungssüchtigen Führungskräften nur angewandt werden, weil es gerade modern ist. Dazu eine Meinung aus einer deutschen Berufsfeuerwehr (aus meiner Internet-Befragung von 2010 auf feuerwehrzukunft.de):

4 Information und Kommunikation

»Ich bin nicht von der ›früher war alles besser‹ Fraktion, aber Feuerwehr ist ein sehr traditionsgeprägter Bestandteil der Gesellschaft. Die Demontage ist in vollem Gange – vorangetrieben von der eigenen Führung. Wer Feuerwehr kommerzialisieren will, züchtet sich selbst Krankheiten heran. Und dagegen gibt es kein probates Mittel.«

Auf diesem Weg können auch ausgewählte gute Denkansätze aus der Wirtschaftswelt in ihrer Umsetzung gehindert werden, weil besonders ältere Wehrmitglieder mit Recht in eine Verweigerungshaltung übergehen. Schlussfolgernd müssen neue Methoden auf ihre Praxistauglichkeit und ihre Bewährtheit geprüft werden, zumal sich auch die Wirtschaft von einigen »neuen« Konzepten bereits wieder verabschiedet (Stichwort Outsourcing). Zu warnen ist vor Denkansätzen, die die gemeinsamen Werte einer Feuerwehr in Frage stellen und den tradierten Konsens über die Motivation zur Mitarbeit untergraben. Wo stehen Sie?

Feuerwehren und privaten Hilfsorganisationen sind mehr als nur »Dienstleister«. In folgender Tabelle können Sie für sich selbst eintragen, bei welchen Tätigkeiten und Gelegenheiten in der Praxis von Feuerwehr/Rettungsdienst jeweils welche Merkmale zum Tragen kommen:

Tabelle 3:	Feuerwehr	Rettungsdienst
Merkmale einer Verwaltung	▪ Im Schriftverkehr ▪ ▪	▪ Bei der Abrechnung ▪ ▪
Merkmale eines Unternehmens	▪ Bei kostenpflichtigen Einsätzen ▪ ▪	▪ Qualitätsmanagement ▪ ▪
Merkmale aus dem Militär	▪ Befehlsgebung im Einsatz ▪ ▪	▪ ▪ ▪
Merkmale eines Vereins	▪ Mitgliederstruktur ▪ ▪	▪ ▪ ▪
	▪ ▪ ▪	▪ ▪ ▪

4.2 Flurfunk und Kaffeeklatsch – interne Öffentlichkeitsarbeit

Auch in Zeiten, in denen die sozialen Netzwerke immer ausgiebiger genutzt werden, können Sie nicht davon ausgehen, dass sich auf diesem Weg automatisch alles Wichtige herumspricht. In dieser Einheit geht es darum, die Wichtigkeit einer guten Informationspolitik nach innen zu betonen. Am Ende der Einheit sollen Sie neu überdenken, auf welche Art und Weise Sie in Ihrer Organisation, Feuer- oder Rettungswache Informationen verteilen und was Sie dabei zukünftig gegebenenfalls besser machen können.

Es ist nicht das Wissen allein, was uns glücklich macht – es ist die Qualität des Wissens – die subjektive Beschaffenheit des Wissens.
Georg Friedrich von Hardenberg (Novalis)

Wir sind geborene Polizisten. Was ist Klatsch anderes als die Unterhaltung von Polizisten ohne Exekutivgewalt.
Christian Morgenstern

Dienstversammlungen sind vertane Zeit. Meinte er jedenfalls. Die Rettungswache ist schließlich kein Kaffeekränzchen. Und in den kurzen Pausen wollen die Mitarbeiter keine dienstlichen Probleme wälzen. Für ihn war klar: Was wichtig ist, spricht sich auch ohne offizielle Bekanntmachung herum. Und schließlich gibt es neben WhatsApp noch den Schaukasten, den jeder einsehen kann. Nicht dass er ein Problem damit hätte, Informationen weiter zu geben. Überhaupt war er ein eher extrovertierter Typ. Aber irgendwie fehlte ihm für die Vorbereitung der Versammlungen auch die Zeit. Und die dämlichen Fragen von immer denselben Leuten und die Bedenken der Bedenkenträger kannte er im Vorfeld schon auswendig. Reden nützte hier scheinbar nichts mehr. Nicht, dass er nicht reden wollte. Das tat er aber lieber in den Pausen, beim Kaffee mit seinem alten Schulfreund, der jetzt für die Abrechnung verantwortlich war und der Sekretärin seines Abteilungsleiter-Kollegen. Die hatte es irgendwie hinbekommen, dass in ihrer Teeküche jetzt ein Fünfhundert-Euro-Modell einer hypermodernen Espressomaschine ihren Dienst verrichtete. An der schicken Maschine begann der Dienstweg ganz pragmatisch: Chef – Sekretärin – irgendein Mitarbeiter. Nein, für ihn als Abteilungsleiter bestand wirklich kein Bedarf, Informationen offiziell weiterzugeben. Sein Vorgänger hatte es auch so gehalten und war damit immer gut gefahren. Irgendwie sprach sich auch so alles herum und manche

Probleme schienen sich auch von alleine zu erledigen. Die Unzufriedenheit über die Tatsache, dass nur seine Freunde wichtige Infos erhielten, bekam er gar nicht mit.

Die Geschichte aus der Einleitung ist leider kein Einzelfall. Viele Führungskräfte sind weit davon entfernt, bewusst, unvoreingenommen und ehrlich mit der eigenen Belegschaft zu kommunizieren. Durch mangelnden Austausch und eine schlechte Informationspolitik gedeihen Gerüchte, kursieren Halbwahrheiten und ein ungeeigneter patriarchalischer oder charismatischer Führungsstil wird begünstigt. Zu vielen Führungskräften fehlt der Weitblick, sich auf den Horizont ihrer Unterstellten einzulassen. Was kann man dagegen tun?

Hilfreich beim Thema »interne Öffentlichkeitsarbeit« sind einige Grundkenntnisse über die Themenfelder Kommunikation und Motivation: »Bescheid wissen«, »teilhaben dürfen«, »mitreden können« sind nämlich grundlegende Motivationsfaktoren. Sie vermitteln den Kameraden/Kollegen das Gefühl, mehr als nur Befehlsempfänger und Erfüllungsgehilfe für die Dienststelle zu sein. Gerade in Feuerwehren mit ausgeprägtem Hierarchiedenken fehlt mitunter das Verständnis dafür, welcher Führungsstil in welcher Situation angebracht ist. Nur weil ein Feuerwehreinsatz besser läuft, wenn autoritär geführt wird, heißt das nicht, dass alle Ergebnisse in der Feuerwache oder im Gerätehaus am besten mit diesem Stil erzielt werden. Übrigens: Auch im Einsatz sind Situationen denkbar, in denen kooperativ geführt wird. Umgekehrt gilt aber auch: Obwohl im Dienstalltag der kooperative Führungsstil das Mittel der Wahl ist, kann auch hier manchmal autoritär geführt werden – allerdings als Ausnahme, nicht als Regel.

Die Alltagserfahrung und auch die Wissenschaft sagen uns, dass das Gesagte sich nicht zwingend mit dem Gehörten und das Gehörte sich nicht unbedingt mit dem Verstandenen deckt. Schon deshalb braucht es einen Rahmen, in dem Gelegenheit zum Abschweifen, zum Rückfragen und Nachdenken besteht. Diesen Rahmen kann bis zu einem gewissen Grad eine Dienstversammlung oder -beratung bieten. Ein halbleeres schwarzes Brett oder eine flapsig verschickte E-Mail kann echte Kommunikation nicht ersetzen. Und: Falls Sie Wert auf mitdenkende und mündige Kollegen legen, müssen Sie alle gemeinsam, gleichberechtigt informieren und nicht Einzelne selektiv und nach Laune mit mageren Informationen füttern.

Selbstverständlich können Dienstversammlungen auch in Jammerveranstaltungen ausarten und zur Bühne für Selbstdarstellungen von Vorgesetzten oder Mitarbeitern werden. Deshalb sollten derartige Versammlungen nicht zu lange dauern und straff moderiert sein. Das bedeutet: Zu Beginn kurz alle anzusprechenden Punkte bekanntgeben (Tagesordnung), bei Abschweifungen schnell zum Ziel des Ganzen zurückkehren, Rückfragen zügig ausdiskutieren oder auch vertagen (aber nicht

4.2 Flurfunk und Kaffeeklatsch – interne Öffentlichkeitsarbeit

wiederholt), am Ende Ziele und Aufgaben definieren. Scheuen sollte man sich aber trotzdem nicht davor, auch scheinbare Selbstverständlichkeiten vorzutragen. Die Erfahrung zeigt, dass aufgrund der unterschiedlichen Wahrnehmung und des verschiedenen Erfahrungsschatzes von Vorgesetzten und Mitarbeitern an ein und demselben Dienstort auch vermeintliche Selbstverständlichkeiten für einige ganz und gar nicht selbstverständlich sind.

Auch hier muss jedoch folgendes beachtet werden: Es gibt ein Zuwenig und ein Zuviel. Häufigstes Manko von Dienstversammlungen/Beratungen/Meetings sind wahrscheinlich Vorgesetzte, die sich selbst gerne reden hören, unreflektiert über ihre Wirkung auf andere sind und auch jede noch so sinnvolle Beratung zur endlosen Quälerei werden lassen. Wenn Sie es sich leisten können, geben Sie Ihrem Chef eine Rückmeldung, wie seine Monologe wahrgenommen werden. Wenn nicht, hilft nur eines: Finden Sie einen Grund, der betreffenden Veranstaltung fernzubleiben.

1. Wie oft haben Sie schon die Ausrede gehört: »Davon wusste ich ja nichts!« Vielleicht ist es an der Zeit, einen Schaukasten/ein schwarzes Brett anzubringen oder Ihren jetzigen Aushang auf Vordermann bringen. Als Grundsatz sollte gelten, dass man alles Wichtige aus dem Schaukasten erfährt, auch wenn man länger krank war oder bei Dienstversammlung verhindert gewesen ist. Ich empfehle eine Dreiteilung:

Dienstliche Informationen, die aushängen *müssen*	Dienstliche Informationen, die aushängen *sollen*	Teils private Informationen, die aushängen *dürfen*
Dienstpläne Stellenausschreibungen Infos zur Arbeitssicherheit …	Lehrgangsinformationen Baustelleninformationen Schulungspläne …	Einladungen Dankschreiben Wissenswertes …

2. Wie oft haben Sie bei Versammlungen schon gedacht: »Schade um die Zeit!«
Lesen Sie den Abschnitt oben noch einmal. Notieren Sie sich fünf oder mehr Punkte, die Ihre Dienstversammlung zu einer lohnenden und zweckdienlichen Veranstaltung machen. Halten Sie sich selbst daran oder vermitteln Sie diese demjenigen, der für die Durchführung verantwortlich ist.

4.3 Wer sind wir eigentlich? – Sinn und Unsinn von Leitbildern

In dem vorherigen Kapitel 4.1 ging es um das Selbstverständnis unserer Organisationen – Wer sind wir eigentlich, was wollen und sollen wir sein? Ausdruck dieser Sicht auf die eigene Organisation ist häufig ein Leitbild. Viele Feuerwehren und Hilfsorganisationen legen sich eines zu, das oft blumig klingt und häufig von einer anderen Einheit oder Stadt abgeschrieben wurde. In dieser Lektion soll der Sinn und Zweck dieser Übung hinterfragt werden. Sie sollen überdenken, was es bei der Einführung oder Umsetzung eines Leitbilds zu beachten gibt.

Fortschritt sollte bedeuten, dass wir ständig die Welt ändern, um sie der Vision anzupassen; Fortschritt bedeutet in Wirklichkeit, dass wir die Vision ändern.
Gilbert Keith Chesterton

Vision ist die Kunst, Unsichtbares zu sehen.
Jonathan Swift

Alles Populäre ist falsch.
Oscar Wilde

Scheinbar in jeder deutschen Berufsfeuerwehr ist ein Mitarbeiter dafür zuständig, Gäste und frische Praktikanten zu Kennenlern-Zwecken durch die eigene Stadt zu fahren. Mit einem solchen Kollegen fuhr ich im klapprigen Dienst-Kleinwagen mit viel zu großen Blaulichtern durch eine ostdeutsche Großstadt, um einen ersten Eindruck von meinem Praktikumsort zu erhalten. Die Ausführungen drehten sich um Eckpunkte der Stadtgeschichte, Einkaufsmöglichkeiten und nützliche Insider-Informationen. Ich war schwer beeindruckt; auf den ersten Blick gab es nur Positives und auch die Feuerwehr der Großstadt war auf Hochglanz poliert. Später in meinem Schichtdienst auf einer der Außenwachen derselben Stadt nahm mich ein Kollege aus der Wachschicht beiseite. Aus seinem Spind kramte er, sichtlich erregt, eine Hochglanzbroschüre. Die Stadtverwaltung hatte ein Leitbild für die Feuerwehr entworfen (oder irgendwo kopiert), drucken lassen und per Hauspost an alle Mitarbeiter ausgehändigt. Die Erregung des Kollegen bezog sich auf die Tatsache, dass das Leitbild zu seinem täglichen Erleben so schlecht passte wie ein Eisbär unter eine Kokospalme. Wie ich im Dienstalltag später feststellen musste, glänzten Charakter und Fachwissen vieler seiner und meiner Vorgesetzten vor allem durch eines: Abwesenheit. Ange-

4.3 Wer sind wir eigentlich? – Sinn und Unsinn von Leitbildern

sichts dieser Tatsache übten diese sich nicht etwa in Bescheidenheit, wie es sich gehört hätte, sondern verteilten nach allen Seiten Fußtritte, vorzugsweise nach unten. Das Leitbild mit seinen blumigen Formulierungen und edlen Zielen geriet unter diesen Vorzeichen zur puren Lachnummer.

Leitbilder sind modern. Das Zitat von Oscar Wilde ist natürlich eine Provokation: Modernes ist häufig populär. Populäres ist häufig falsch. Um die Negativfolgen aus dem Beispiel der Einleitung zu vermeiden und aus einem Leitbild ein gutes Führungsmittel zu machen, einige praktische Tipps:

1. Die Tatsache, dass in den deutschen Feuerwehren und Hilfsorganisationen immer mehr Leitbilder geschrieben und veröffentlicht werden, hat zwei Seiten. Zu große Euphorie ist nicht angebracht, denn der Fortschritt in dieser Angelegenheit kann auch als Armutszeugnis gedeutet werden. Offenbar muss man den Leuten das, was früher unbesprochen funktionierte, heute schriftlich vor die Nase halten. Das Gleiche gilt übrigens auch für andere Bereiche, z. B. für Absprachen in der eigenen Organisation oder mit anderen Behörden. Was sich bisher nach dem Motto »Ein Mann – ein Wort« erledigte, braucht heute vermehrt Anschreiben, Formulare oder zumindest den berühmten »Dreizeiler« als E-Mail. Ein weiteres Beispiel ist das große Thema Psychosoziale Notfallversorgung und Krisenintervention. Zweifellos sind die Angebote auf diesem Gebiet ein begrüßenswerter Fortschritt und notwendig. Allerdings müssen diese Hilfen oft das ausbügeln und ersetzen, was früher wie selbstverständlich Stress abgebaut und ein Aufarbeiten belastender Ereignisse ermöglicht hat: ein kollegiales Arbeitsklima unter den Einsatzkräften bzw. sozialer Zusammenhalt in der Bevölkerung.
2. Leitbilder, Absichtserklärungen und andere Werkzeuge können Charakterbildung von Führungskräften nicht ersetzen. Sie sollten nur dort eingeführt werden, wo ein wenigstens halbwegs gutes Arbeitsklima herrscht und wo die Führungskräfte die Werte des Leitbildes selber leben. Sonst werden Sie nicht zum Anreiz für bessere Leistungen, sondern zur Zündquelle für Zynismus und zornige Debatten.
3. In Leitbildern sollte auf das moderne Gerede vom Bürger als Kunde und der Feuerwehr als seinem Dienstleister verzichtet werden (siehe Kapitel 4.1). Diese Gleichsetzung entspricht nicht der Wirklichkeit bzw. der Rechtslage und ist eine überflüssige Anbiederung an den Zeitgeist. In einer zunehmend materialistischen Welt wird alles zum Geschäft. Wenn Sie in Ihrer Organisation Wert auf Werte legen, fördern Sie traditionelle

Vorstellungen in Ihrem Ehrenamt bzw. Beruf. Überlegen Sie genau, aus welchen »Quellen Sie schöpfen« und was Sie mit diesem »Wasser« begießen.
4. Seien Sie nicht zu optimistisch, was die Wirkung von Leitbildern angeht. Wirklich gute Mitarbeiter benötigen eigentlich kein gedrucktes Hochglanz-Leitbild. Sie haben es unaufgefordert bereits verinnerlicht. Und die Schlechten werden sich auch nicht um ein Leitbild scheren. Es mag pessimistisch klingen, ist aber leider Realität: Die Unmotivierten, die Faulpelze sind weit davon entfernt, die wohlklingenden Vorgaben in ihrem täglichen Dienst mit Leben zu erfüllen. Wenn die Leistungsschwachen überhaupt durch etwas dazu bewegt werden können, dann durch das gelebte Vorbild der Vorgesetzten mit mehr Charakter- als Gehaltsvorsprung und mit Sicherheit weniger durch ein gedrucktes Leitbild.

Zusammenfassend: Leitbilder sind keine schlechte Idee. Aber sie müssen eingeführt und nicht nur ausgeteilt werden. Die Einführung muss von unten nach oben laufen (bzw. so initialisiert werden). Über Sinn und Zweck muss so lange diskutiert werden, bis zumindest die Führungsriege ihn verstanden hat. Erst dann sollten Sie Bilderrahmen oder gravierte Platten mit dem Text aushängen.

Nehmen Sie Ihr Leitbild einmal zur Diskussionsgrundlage in Ihrer nächsten Dienstversammlung. Im Kreis Ihrer Führungskräfte können Sie abgleichen, wie weit Anspruch und Realität, Theorie und Praxis bei Ihnen auseinander gehen. Beantworten Sie gemeinsam die Frage, wie Sie ein Dokument in ein Stück Kultur für die tägliche Arbeit umwandeln können. Gehen Sie das Leitbild Punkt für Punkt durch.

Hier ein Beispiel für ein relativ kurzes Leitbild der Feuerwehr Akron/Ohio aus den USA. Es entstammt dem Jahresreport 2007 der Feuerwehr Akron/Ohio. Wenn Sie möchten, vergleichen Sie es mit einem deutschen Leitbild einer beliebigen Feuerwehr.

4.3 Wer sind wir eigentlich? – Sinn und Unsinn von Leitbildern

**Beispiel für ein Leitbild
Feuerwehr Akron/Ohio**

"Unsere Mission ist es, die Lebensqualität in unserer Stadt zu verbessern, durch Bereitstellung eines erstklassigen Rettungsdienstes, eines exzellenten Programms für den Vorbeugenden Brandschutz, einschließlich Brandschutzerziehung und Brandursachenermittlung; durch Bereitstellung einer Feuerwehr, die für alle Notfälle gerüstet ist, einschließlich Gebäudebrände, Gefahrgutunfälle, alle Arten von Rettungen und verschiedene andere Notfälle und Katastrophen. Wir werden diese Mission erfüllen, indem wir großen Wert auf die Sicherheit und Gesundheit unserer Mitarbeiter legen. Wir halten einen hohen Standard aufrecht im Bereich der Ausbildung, der Gesundheitsvorsorge und der Kommunikation."

Bild 6: *Leitbild der Feuerwehr Akron (Quelle: Jahresbericht 2007 der Feuerwehr Akron/Ohio)*

4.4 Das Grauen hat einen Namen – Reden schreiben und halten

Diejenigen, die sich gerne reden hören, sind häufig nicht die, die etwas zu sagen haben, d. h. die, die auch das Wort ergreifen. Wenn Sie also zu denen gehören, die nicht gerne große Reden halten, können Sie diesen ersten Satz gern als Ermunterung verstehen. Trotzdem gehört es immer wieder zu Ihren Aufgaben als Führungskraft, vor einer größeren Gruppe von Menschen zu sprechen. Je weiter Sie in der Hierarchie aufsteigen, desto mehr Gewicht wird man Ihren Worten beimessen. Aus dieser Einheit können Sie einige nützliche Grundsätze ableiten, die Ihnen bei Ihrer nächsten Rede helfen können. Das Kapitel ist allerdings keine umfassende Abhandlung zu diesem Thema; dafür gibt es spezielle Fachbücher.

Der Weise spricht. Der Kluge redet. Der Dumme schwatzt.
Lisa Wenger

Um eine gut improvisierte Rede halten zu können, braucht man mindestens drei Wochen.
Mark Twain

Ein jeder Mensch sei schnell zum Hören, langsam zum Reden, langsam zum Zorn.
Die Bibel, Jakobus 1,19 (Luther 2017)

Das Festzelt war an diesem lauen Sommerabend brechend voll. Alle Anwesenden hatten eine lange Arbeitswoche hinter sich und freuten sich auf das sogenannte »gesellige Beisammensein« und die angekündigte Live-Musik. Die Gäste sollten sich den angenehmen Teil des Abends aber scheinbar erst verdienen, indem sie einigen pflichtgemäßen Grußworten von verschiedenen Kommunalpolitikern und befreundeten Organisationen lauschen sollten. Anlass des besonderen Abends war das Jubiläum einer großen ortsansässigen Hilfsorganisation und als XY hinter das Rednerpult trat, war schon eine geschlagene halbe Stunde an Grußworten über die Zeltbesucher niedergegangen. Ganz offensichtlich unbewusst hatte der Redner Kurt Tucholskys »Ratschläge für einen schlechten Redner« verinnerlicht und in seiner Rede berücksichtigt. Gleich am Anfang schlug er einen weiten Bogen zurück bis vor den Anfang und begann seinen Vortrag mit einem kurzen Überblick über die menschliche Hilfsbereitschaft in den letzten drei Jahrtausenden. Vorher hatte er alle anwesenden Prominenten nebst Gattinnen gehörig durch eine langatmige

4.4 Das Grauen hat einen Namen – Reden schreiben und halten

Aufzählung begrüßt. Schon dabei konnte man erahnen, dass Langeweile und Langatmigkeit für unseren Festredner besondere Tugenden zu sein schienen. Die Ankündigung, dass er nunmehr zur Organisationsgeschichte des letzten Jahrhunderts käme, schien den Feiergelaunten wie eine Drohung. Auf eine spontane Kürzung des Redepensums aufgrund der vorgerückten Stunde war nicht zu hoffen, da er jedes Wort peinlich genau vom Manuskript ablas. Wie bei Tucholsky ironisch erwähnt, blickte unser Mann am Podium nach jedem Satz misstrauisch hoch, ob das Partyzelt nicht etwa vorzeitig geräumt worden wäre. Den Ratschlag, den er auch unabsichtlich berücksichtigte, war, in langen verschachtelten Sätzen zu sprechen, weil er nun einmal so geschrieben hatte und sich genötigt fühlte, abzulesen, weil ihm das freie Reden nicht so lag und er nun angesichts der Bedeutung des Anlasses auch nichts weglassen konnte, was etwa hätte weggelassen werden können, auch um den Preis, dass die Rede etwas länger dauern könnte und so weiter und – das brauche ich nicht zu erklären; Sie verstehen mich. Schließlich kam unser hoher Funktionär doch zum Ende seiner Ansprache, setzte nach mehreren grammatikalischen Ehrenrunden und nach ausgedehntem Sinkflug zur Landung an und überreichte sein Standard-Blumengebinde an den Ortsvorstand, als er erneut über den Brillenrand blickte und das Mikrofon ergriff. Er lachte kurz, damit jeder verstünde, dass nun noch ein Witz käme und niemand etwa aufgrund der Überraschung einen Herzanfall erleide. Dieser platte Witz und die abschließenden üblichen Wünsche für den »weiteren guten Verlauf« der Veranstaltung waren derart nichtssagend und geistlos, dass der tosende Beifall mit Sicherheit der allgemeinen Erleichterung und nicht der exzellenten Rede zuzuschreiben war. Ganz betäubt und benebelt von der eigenen Redekunst und den ironischen Begeisterungsrufen stolperte unser Gastredner von der Tribüne zur stark geschminkten Ehefrau auf der klapprigen Biertischgarnitur.

Menschen ängstigen sich vor den unterschiedlichsten Dingen. Es gibt Befürchtungen in Bezug auf gesellschaftliche Entwicklungen und Ängste, die Einzelpersonen besonders plagen. Zu letzterer Gruppe gehört die Angst, vor einer Gruppe von Menschen reden zu müssen. Laut dem »Gedankenleser« Thorsten Havener kommt in Umfragen erst danach die Angst vor dem eigenen Tod. Ganz vernünftig folgert er, dass bei einer Beerdigung die Person im Sarg besser dran ist, als derjenige, der die Grabrede hält. Reden halten gehört nun aber einmal – zumindest gelegentlich – zu den Aufgaben einer Führungskraft.

Leider fühlen sich mehr Vorgesetzte zum Reden berufen, als den Kollegen und Kameraden lieb sein kann. Vor deren Persönlichkeit würden Psychologen das Attribut »unreflektiert« setzen. Das heißt: Sie merken nicht, wie sie wirken, wie das Gesagte ankommt und vor allem: wann der Zeitpunkt zum Aufhören gekommen ist. Sie

4 Information und Kommunikation

verbreiten heiße Luft und halten das auch noch für ihr Schicksal oder gar ihre Berufung. Bei vielen Reden ist der zeitliche Aufwand umgekehrt proportional zum inhaltlichen Ertrag. Einfach ausgedrückt: Es kommt nichts dabei raus. Daher der alte Witz: »Sind Sie einsam? – Gehen Sie zu einer Besprechung!« Besprechungen, in denen nur der Chef redet, verdienen den Namen nicht und sollten »Bevortragung« heißen. Sehr zum Leidwesen aller Zuhörer können solche Versammlungen oft sehr qualvoll werden. Vor allem wenn die Sonne zum Fenster hereinscheint und vom Feierabend keine Spur ist. Eine erste Schlussfolgerung für jede Art von Rede lässt sich also ableiten: »In der Kürze liegt die Würze.«

Natürlich gibt es einige nützliche Hinweise mehr. Wie bei den anderen Kapiteln auch, kann das Thema leider nicht erschöpfend behandelt werden. In aller Kürze einige auch von mir erprobte Praxistipps:

- Dieser Ratschlag wird Sie vielleicht überraschen, aber: Zuallererst sei gewarnt vor zu vielen Profitipps zum Reden-halten. Wir sind Menschen und individuell verschieden. Ihre Eigenarten und Eigenheiten brauchen Sie sich nicht vollständig abgewöhnen. Vielleicht sind es nur ein paar wenige Marotten, auf die Sie achten sollten (z. B. beim Reden ständig an die Decke zu schauen oder der Gebrauch von Flick- und Füllwörtern). Ansonsten kann es erfrischend sein, wenn man Ihre Individualität sieht und hört. Auch Ihren Dialekt brauchen Sie nicht zu verleugnen, solange man Sie verstehen kann. Wenn Sie von Beruf Feuerwehrmann oder Automechaniker sind, erwartet niemand rhetorischen Schliff wie bei Altkanzler Helmut Schmidt.
- Vor Ihrer Rede sollten Sie – wenn es die Gelegenheit hergibt – ein wenig mit Ihren Zuhörern ins Gespräch kommen, z. B. an der Eingangstür, im Foyer oder in der Fahrzeughalle. Das baut Spannung ab und stellt eine Beziehung her. Möglicherweise haben Sie Lampenfieber, das sich damit sehr gut abbauen lässt.
- Wenn Sie gut vorbereitet sind, kann dies die Aufregung lindern. Zum Beispiel können Sie sich kleine Karteikarten mit den Hauptpunkten anfertigen. Aber bitte niemals (!) etwas auswendig lernen; Echtheit geht vor Korrektheit. Abgelesen werden sollte nur, wenn es um den genauen Wortsinn geht, wie etwa bei einer Pressekonferenz in einer Einsatzsituation. Dafür wiederum sollten Sie aber ein spezielles Training absolvieren.
- Wenn Sie während der Rede einmal ins Stocken geraten oder der Faden abreißt, ist das überhaupt nicht schlimm. Es zeigt lediglich, dass Sie ein menschliches Wesen sind. Mir selbst geht es so: Wenn ich etwas Wichtiges zu sagen habe, ist es auch kein Problem, das vor einer Menge zu vertreten.

4.4 Das Grauen hat einen Namen – Reden schreiben und halten

Schwierig wird es, wenn ich reden soll, ohne etwas zu sagen. Für manche Menschen ist das wiederum kein Problem, für andere gar das tägliche Brot. Diese Art von Rednern nehmen wir uns aber nicht zum Maßstab.

- Vielleicht ist das ein Wesensmerkmal von Deutschen, dass wir beim Reden etwas trocken, zu sachlich und sogar langweilig rüberkommen. Dem ist leicht abzuhelfen, indem Sie mit erlebten Geschichten und kleinen Begebenheiten arbeiten. Unterschätzen Sie nicht die Wirkung von realen Erlebnissen und ehrlichen Berichten auf Ihre Zuhörerschaft. Manchmal sind auch intelligente Witze erlaubt; seriöser Humor eigentlich immer.

Wenn Sie das Thema vertiefen möchten und besser werden wollen, beschäftigen Sie sich außerdem einmal bewusst mit Körpersprache und paraverbaler Kommunikation. Hier gibt es viele gute Anregungen zum Beispiel in Form kleiner Videos im Internet. Nutzen Sie jede sich bietende Gelegenheit, um sich zu verbessern. Übung macht den Meister. Je öfter Sie reden, desto mehr werden Sie auch mit bewussten Pausen arbeiten. Sie werden merken, ob Ihre Rede tatsächlich ankommt, aus dem Stegreif reden lernen und Ihre Zuhörerschaft sogar fesseln können.

Schließlich: Lassen Sie sich ermutigen. Man wird Ihnen die Mühe danken, wenn Sie Ihre Scheu überwinden. Sie müssen kein Konferenzredner werden. Aber wenn Sie bei einem freudigen Anlass oder am Todestag eines Kollegen kein einziges Wort hervorbringen, ist das kein gutes Zeugnis für Sie als Führungskraft.

Die Liste oben mit den guten Ratschlägen ist sehr kurz. Sie können sich auf humorvolle Weise weitere Tipps erarbeiten: Geben Sie im Internet in einer Suchmaschine Ihrer Wahl folgenden Text ein: »Witze Reden« oder »Witze Reden halten«. Lesen Sie die Witze im Suchergebnis durch, selektieren Sie sinnvolle und angemessene Witze heraus, überlegen Sie, was damit wohl ausgesagt werden soll und formulieren Sie für sich weitere praktische Hinweise.

Lesen Sie den Text in der Einleitung noch einmal durch. Wenn Sie einen allgemeingültigen Grundsatz entdecken, notieren Sie diesen. Mindestens fünf Prinzipien sollten Sie aus dem Text herauslesen können.

4 Information und Kommunikation

1.
2.
3.
4.
5.

Auf dem Buchmarkt kann man fertige Musterreden für jeden Anlass kaufen. Sollten Sie eine solche Rede verwenden wollen (was ich niemals empfehle), sollten Sie die fertige Rede keinesfalls ablesen, sondern lediglich Stichpunkte dazu machen und relativ frei sprechen. Wenn ein Vortrag oder eine Rede von Herzen kommt, können Sie sich getrost einige Schnitzer leisten. Das wird Ihnen kein Mensch übel nehmen. Außerdem sollten Sie über das, was Sie im Innersten beschäftigt, frei reden können. Die meisten Menschen haben kein Problem damit, stundenlang über ihr Hobby zu referieren. Wieso sollte das in Ihrem Beruf oder Ehrenamt anders sein? Also, keine falsche Scheu! Sie können jedes Mal dazulernen, wenn Sie einen Menschen Ihres Vertrauens nach der Rede um Kritik bitten.

Literaturtipp:
Tucholsky, Kurt: Ratschläge für einen schlechten Redner. In: Gesammelte Werke Bd. III, Rowohlt: Reinbeck, 1960.

4.5 Der heimliche Gang zum Spind – Alkoholprobleme

Alkohol im Dienst ist ein »heißes Eisen« und leider immer noch und immer wieder ein Thema, insbesondere in Feuerwehren, weniger im Rettungsdienst. Als Führungskraft haben Sie gegenüber Ihren Kameraden und Kollegen hier eine besondere Verantwortung. Diese Einheit soll Ihnen dabei helfen, wahrgenommene Probleme mutig anzugehen und Ihren Pflichten in diesem Bereich nachzukommen.

Kein Tier hat jemals so etwas Schlechtes wie die Trunkenheit erfunden – und keines so etwas Gutes wie einen Drink.
Gilbert Keith Chesterton

Wer eine unglückliche Liebe in Alkohol ertränken will, handelt töricht. Denn Alkohol konserviert.
Max Dauthendey

Das Beste vom Menschen vergeht mit der Trunkenheit.
Martin Luther

Wenn er im Spindraum der Wache beide Türen seines Schrankes öffnete, war er vor fremden Blicken sicher. So genehmigte er sich zur Mittagszeit seinen ersten Schluck aus der mitgebrachten Flasche. Bis zum Mittag reichte ungefähr sein »Spiegel« von der Nacht zuvor, dann wurde er langsam zittrig. Irgendwie war es ein tägliches Ritual geworden; gleich würde er die Erleichterung spüren. Seit er damit angefangen hatte, war er immer erfindungsreicher geworden. Die Flasche wickelte er sorgfältig in Packpapier mit einem Gummiband darum, damit sie beim Tragen in der Tasche keine Geräusche verursachte. Auf das gemeinsame Mittagessen mit den Kollegen verzichtete er neuerdings, um im Spindraum allein zu sein. Sein Hunger hielt sich ohnehin in Grenzen. Der kleine Spiegel in der Schranktür zeigte ein leicht errötetes Gesicht, das aber auch von einer Erkältung herrühren konnte. Seine Vorgesetzten schienen nichts zu bemerken, obwohl die engsten Freunde ihn schon wegen seiner »Fahne« angesprochen hatten. Wie er fand, waren seine Chefs mit ihren ständigen Forderungen und ihrem miserablen Führungsstil zum Gutteil schuld an seiner Misere. Und nach einem kräftigen Schluck waren sie mit ihren Eigenarten viel leichter zu ertragen. Eine wohlige Wärme durchflutete ihn und lächelnd passierte er in der Kantine die Idioten am Mittagstisch. Angefangen hatte das alles zuhause in seiner Freiwilligen Feuerwehr, als seine Frau zur Kur gefahren war und er am Stammtisch von ihrer Kurbekanntschaft erfuhr. Zwei seiner Kameraden, die wegen ihrer Arbeits-

4 Information und Kommunikation

losigkeit fast täglich im Gerätehaus beim Bier und später auch beim Schnaps zusammensaßen, waren in dieser Zeit für ihn echte Freunde geworden. Bereits seit einem Vierteljahr nun trug er zu jedem Dienst in seiner Berufsfeuerwehr eine Flasche in seiner abgewetzten Aktentasche. Mittlerweile ging es nicht mehr um die gute Stimmung, sondern darum, dass das Zittern aufhörte. Ja, er wusste inzwischen, wohin ihn das bringen würde. Ja, er merkte, dass der »Teufel Alkohol« ihn im Griff hatte. Ja, er wusste, dass er damit sein Leben ruinierte. Ja, genau das war sein verdammtes Problem. Seine Frau würde ohnehin ausziehen – wozu also noch dagegen ankämpfen? Er spürte die Wucht der Sucht und hasste dafür abwechselnd sich und die anderen.

Ja, Alkoholprobleme sind ein Thema. Ein großes noch dazu. Das Problem bei diesem Problem ist, dass die Grenzen fließend sind. Wann wird Alkoholgenuss zum Problem? Wann wird aus Genuss Abhängigkeit? Wann schade ich damit mir und anderen? Wann ist im Dienst eine Grenze überschritten? Wie gegen ein erkanntes Problem angehen, wenn der Alkohol Teil der »Unternehmens-Kultur« geworden ist?

Das Positive vorab: Es geht nicht darum, das Feierabendbier zu verbieten. Es geht nicht um Vorwürfe. Wer die ganze Woche gearbeitet hat, kann am Freitagabend auch mal ein Bier trinken. Oder zwei. Auch in der Freiwilligen Feuerwehr nach dem Dienstende. Das Negative: Die Grenzen sind fließend, der Genuss so legitim und so üblich, dass er kaum in Frage gestellt wird. Es ist eine Tatsache, dass viele unserer Kameraden und Kollegen über die Grenze hinaus sind – überall, in FF, BF, im Rettungsdienst. Hier ist nicht der Platz für Statistiken oder Schätzungen. Die nützen dem Einzelnen nicht. Hier stellt sich die Frage, wie man Betroffenen helfen kann.

Die Lösung fängt, wie bei jedem Problem, mit dem »Wahrhaben-wollen« an. Nicht nur junge Führungskräfte sind (oder stellen sich) blind gegenüber der beschriebenen Problematik. Auf Dauer kann Alkoholkonsum im Dienst aber nicht verborgen bleiben. Selbst wenn das eigentliche Trinken sehr gut versteckt geschehen kann, sind doch die körperlichen Anzeichen schwer zu verbergen. Dazu gehören z. B. Händezittern, Gesichtsrötung, Ausfallerscheinungen oder die geschwollene Nase. Oft werden Vorgesetzte auch von besorgten Kollegen auf ein mögliches Alkoholproblem hingewiesen. Diese Anzeichen müssen aber nicht immer vorhanden sein. Es gibt auch Tricks, Mittel und Wege, die Folgen des Alkoholkonsums zu vertuschen. Hier sind viele Abhängige Meister im Erfinden von Gründen und Ausreden.

Falls Sie selbst einen Kollegen in dieser Lage widererkennen oder darauf hingewiesen werden, hilft alles nichts: Sie müssen die Sache offensiv angehen. Offensiv heißt, den betroffenen Mitarbeiter zunächst unter vier Augen ganz direkt auf sein Problem bzw. Ihren Verdacht anzusprechen. Entweder stößt man über-

4.5 Der heimliche Gang zum Spind – Alkoholprobleme

raschend auf Verständnis und Erleichterung oder auf brüske Ablehnung. Im zweiten Fall muss die Hemmschwelle gesenkt werden, über den Alkoholkonsum zu sprechen. Das geht zum Beispiel über das ehrliche Verständnis und Mitgefühl gegenüber dem Kollegen. Auch wenn es zwischen Führungskraft und Betroffenen ein einvernehmliches, freundschaftliches Gespräch gibt, sollen konkrete Ziele und die Kontrolle der Einhaltung vereinbart werden.

Fruchtet alles das nichts, bleibt die »harte Tour«: das Hinweisen auf die Gefährdung im Einsatz auch für andere Kollegen oder Kameraden oder das Aufzeigen der disziplinarischen Konsequenzen. Wenn Disziplinarmaßnahmen beschrieben werden, muss das aber immer mit dem Aufzeigen von Hilfsmaßnahmen einhergehen. Wenn Sie frühzeitig tätig werden, hat das für alle Beteiligten einen großen Vorteil: Möglicherweise steigen die Chancen, dass der Mitarbeiter oder Kamerad noch den Ausgang aus dem Teufelskreis der Sucht findet. Wenn erst eine echte Alkoholerkrankung vorliegt, ist der Ausstieg ohne professionelle Hilfe nahezu unmöglich. Wenn Sie selbst nicht genug Kenntnisse zu dem Thema haben oder unschlüssig über Ihr Vorgehen sind, holen Sie sich Rat bei Experten.

Ein seriöser Ansprechpartner ist der Verein »Blaues Kreuz. Wege aus der Sucht«. Hier können Sie sich nicht nur als Betroffener, sondern auch als Angehöriger oder als Unternehmen informieren und beraten lassen.
Nähere Informationen können der Homepage des Blauen Kreuz in Deutschland e. V. entnommen werden (Stand März 2021):
www.blaues-kreuz.de/de/wege-aus-der-sucht

Schließlich können Sie auch vorbeugend etwas tun. Als Führungskraft einer Freiwilligen Feuerwehr sollten Sie niemals den Alkoholmissbrauch unterstützen und befördern. Thematisieren Sie die Problematik und stellen Sie klare Regeln auf: Kein Alkohol während der Ausbildung, gar kein oder nicht mehr als ein Bier in Uniform, wer alkoholisiert zum Einsatz erscheint, kommt auch bei Unterstärke nicht aufs Löschfahrzeug. Achten Sie auf Konsequenz bei der Umsetzung der Regeln. Wenn die Regeln erklärt und gelegentlich wiederholt wurden, steigen die Chancen, dass Sie auch bei Ihrer Abwesenheit eingehalten werden.

1. Thematisieren Sie einmal im Kreis Ihrer Führungskräfte/im Vorstand das Thema Alkohol und Feuerwehrdienst. Zum Zweck der Sensibilisierung für das Thema ließe sich auch in eine Führungskräfte-Schulung eine Unterrichtseinheit einbauen, die über Alkoholismus und seine Gefahren informiert. Sie müssen das nicht selbst gestalten, sondern nur die Rahmen-

bedingungen schaffen. Laden Sie dazu einen Referenten aus einer Sucht-hilfe-Organisation ein, z. B. dem Blauen Kreuz.
2. Stellen Sie sicher, dass jede Führungskraft die dienstlichen Regelungen zum Thema Alkohol und Drogen kennt und anwendet. Vielleicht sollten Sie die wichtigsten Regeln schriftlich festhalten und sich im Rahmen der Belehrungen zur Unfallverhütung unterschreiben lassen.
3. Gegenüber der Mannschaft sollte bekannt gemacht werden, dass die dienstliche Leitung keine Abweichungen von den Vorschriften tolerieren und die Augen nicht vor Problemen verschließen wird. Eine »Null-Tole-ranz-Politik« ist eine klare Regelung, die immer noch am praktikabelsten ist und sich auch in anderen Bereichen bewährt hat.

Haben Sie ein offenes Auge und Ohr für Kameraden oder Kollegen, bei denen sich Alkoholprobleme abzeichnen. Egal, ob im Beruf oder im Ehrenamt: Es sollte ein Arbeitsklima herrschen, in dem so viel Vertrauen zwischen Mannschaft und Führung besteht, dass das Ansprechen eines Alkoholproblems nicht als unüberwindliches Hindernis angesehen wird und nicht in einem Eklat endet.

Vergessen Sie nicht: Auch im ehrenamtlichen Bereich haben die Vorgesetzten eine Fürsorgepflicht für ihre Unterstellten. Das heißt: Sie werden im Schadensfall möglicherweise mit zur Verantwortung gezogen.

4.6 Der Praktiker schlägt zurück – Kampf dem Verwaltungswahnsinn

Er lässt sich zwar schwer beziffern, aber der Trend ist nicht zu leugnen: Der Verwaltungsaufwand hat im Bereich des Rettungsdienstes und der Feuerwehren in den letzten Jahren enorm zugenommen. Das ist teilweise auch ganz normal in einer immer komplexer werdenden Welt. In vielen Fällen liegt dieser Zuwachs aber auch in dem gefühlten oder tatsächlichen Zwang, sich ständig irgendwie und gegen alles absichern zu müssen oder in vorauseilendem Gehorsam gegenüber irgendwelchen Vorschriften. Mittlerweile scheint sich der Trend verselbstständigt zu haben. Die Aufgaben im Verwaltungsbereich stehlen Ihnen die Zeit für Ihre eigentliche (fachliche) Arbeit und strategische Planung, zumal viele Tätigkeiten Selbstzweck zu sein scheinen. Lernen Sie in dieser Lektion, wie Sie besser mit diesem Umstand umgehen. Sie erhalten Tipps zum intelligenteren Umgang mit E-Mails und dem Internet und lernen den Begriff der »Selektiven Ignoranz« kennen, der Ihnen im Alltag eine Menge Zeit und Nerven sparen kann.

Was bei uns anderen die Gesundheit fördert, die Bewegung, das macht ein Ministerium krank.
Heinrich Heine

In Deutschland arbeiten die Arbeiter, damit die Beamten etwas zu schreiben haben.
Kurt Tucholsky

Als Präsident und Minister kommt man nicht mit Menschen, sondern nur mit Papier und Tinte in Berührung. Man schickt seine Verfügungen in die Welt, und während man meint, mit dem Abarbeiten der vorliegenden Akten seine Pflicht redlich zu erfüllen, richtet man mit dem toten Buchstaben, der unverstanden und unbiegsam zwischen Menschen geworfen wird, die man nicht kennt, häufig mehr Unheil und Streit an, als die ganzen Vorteile unseres Regierungswesens aufwiegen können.
Otto Fürst Bismarck

Donnerstag, 21 Uhr, Dienstabend in der Freiwilligen Feuerwehr XY. Der Wehrleiter kommt im Schulungsraum zum »organisatorischen Teil«: »Kameraden, wir sind gleich durch; bleibt noch eine Sache: Wir müssen eure Führerscheine kontrollieren.« Kamerad A: »Wozu denn das?« Wehrleiter: »Es hat Unfälle gegeben und es ist jemand ohne Führerschein das Löschfahrzeug gefahren.« Kameradin B: »Wo denn;

4 Information und Kommunikation

bei uns etwa?« Wehrleiter: »Nein, irgendwo in Norddeutschland. Also, wir machen eine Liste mit Namen, Führerscheinklassen und Ablaufdatum.« Kamerad C: »Und wer will die Liste sehen?« Wehrleiter: »Die Gemeindeverwaltung. Also bitte jeder nachher seinen Führerschein bei mir vorlegen.« Kamerad D: »Wenn ich keine Fahrerlaubnis mehr habe, melde ich mich schon.« Wehrleiter: »Das reicht nicht. Wir kontrollieren jetzt.« Kamerad E: »Was ist, wenn ich meinen Führerschein morgen abgeben muss und du hast heute kontrolliert?« Wehrleiter: »Dann gibt's eins auf die Mütze. Die Gemeinde will die Liste nächste Woche.« Stellvertretender Wehrleiter, von der Seite: »Warum belehren wir das nicht am Jahresanfang und verpflichten jeden, sich einfach bei Verlust zu melden?« Wehrleiter, genervt: »Das ist zu einfach, die anderen Ortsfeuerwehren machen auch eine Liste.« Kamerad F, etwas bockig: »Ich habe meinen gar nicht mit.« Wehrleiter: »Dann machst du zuhause ein Foto und schickst mir eine Nachricht aufs Handy.« Kameradin B, mit Augenzwinkern: »So ein Foto kann man auch manipulieren. Außerdem ist das gegen den Datenschutz.« Kamerad A: »Wie machen wir das mit den DDR-Führerscheinklassen – gibt es da eine Übersicht, welche Klasse welcher heutigen entspricht?« Wehrleiter: »Da werde ich mich nochmal bei der Gemeinde schlau machen.« Die Diskussion setzt sich noch eine viertel Stunde fort. Am Ende hat die Hälfte der Kameraden die Führerscheine vorgelegt; den anderen würde der Wehrleiter hinterher telefonieren. Da meldet sich Kamerad D erneut: »Also ich mache bei dem Blödsinn nicht mit. Früher hieß es mal »Ein Mann – ein Wort« und jetzt komme ich mir vor wie im Kindergarten. Ich habe meine Zeit doch nicht im Lotto gewonnen.« Wehrleiter: »Dann lass es halt bleiben. Schick mir aber wenigstens deine Gründe als Dreizeiler per E-Mail, damit ich was vorlegen kann.«

Was sind die wirklichen Probleme unserer Hilfsorganisationen? Demografischer Wandel? Nachwuchssorgen? Schlechte Tageseinsatzbereitschaft? Befragt man Praktiker aus Feuerwehr und Rettungsdienst, ist es v. a. die Verwaltungsarbeit, die den Ehrenamtlichen die Freude am Ehrenamt verhagelt und den Hauptamtlichen die Zeit für die wirkliche Arbeit stiehlt. In meinen Umfragen auf feuerwehrzukunft.de haben etwa 1.000 Praktiker in den Jahren 2009 und 2010 bestätigt, dass die Verwaltungsarbeit in den letzten Jahren »enorm« zugenommen habe. Die Ursachen dafür: steigender Zwang zur rechtlichen Absicherung, Anpassung an häufig wechselnde Rahmenbedingungen, unüberlegte Führungskräfte.

4.6 Der Praktiker schlägt zurück – Kampf dem Verwaltungswahnsinn

Anzahl der Antworten auf die Frage:
Wie hat sich Ihrer Einschätzung nach der <u>Verwaltungsaufwand</u> für die Arbeit in der Freiwilligen Feuerwehr in den letzten Jahren entwickelt?

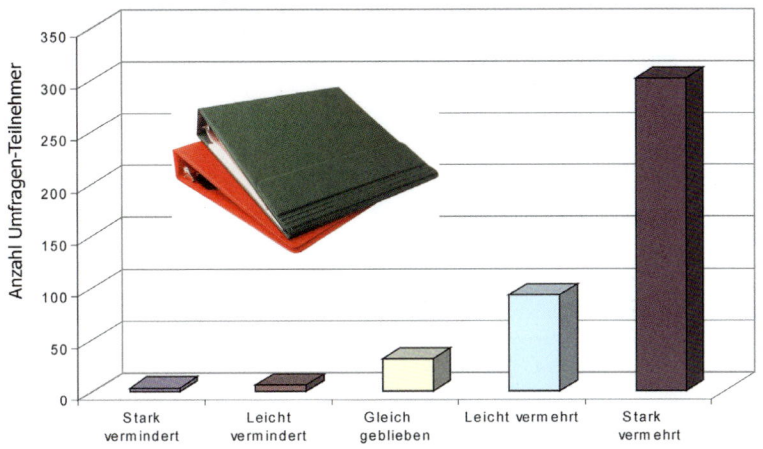

Bild 7:   *Umfrageergebnisse Zunahme der Verwaltungstätigkeit (Quelle: Müller, 2009)*

Die Folgen sind jeden Tag zu spüren: Weniger Zeit für das Wesentliche (die eigentliche fachliche Arbeit, strategische Planung oder alltägliche Gespräche mit den Kameraden), schnelle Problemlösungen »zwischen Tür und Angel«, Demotivierung der Leistungsträger, schließlich sogar Ämterniederlegungen im Ehrenamt. Meiner Erfahrung nach wird über dieses Phänomen so gut wie nie gesprochen und keine Organisation hat dieses Thema bisher in der Fläche thematisiert. Der Grund dafür: Wir stellen nur die Fragen, auf die wir im Stande sind, eine Antwort zu geben.

4 Information und Kommunikation

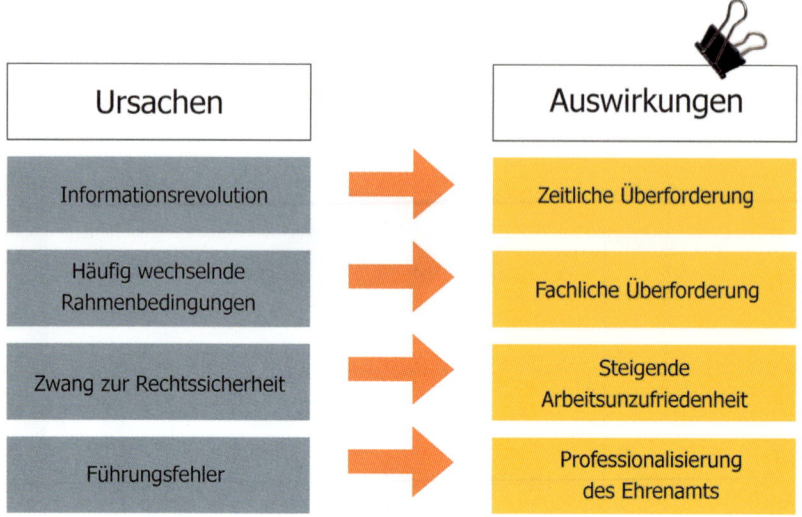

Bild 8: *Ausufernde Verwaltungstätigkeiten, Ursachen und Auswirkungen*

Wir sind uns also einig: Uns muss daran gelegen sein, den Verwaltungsaufwand irgendwie zu reduzieren. Im Gesamtsystem Feuerwehr oder Rettungsdienst gibt es für Sie beeinflussbare und nicht beeinflussbare Faktoren. Nicht beeinflussen können Sie z. B. Anfragen, die seitens Ihrer Aufsichtsbehörden an Sie herangetragen werden. Beeinflussen können Sie z. B. die tägliche Praxis in Ihrer Verwaltungsarbeit, das heißt Ihre Arbeitstechniken. Folgende Abbildung zeigt einen Ausschnitt der Dokumente und Tätigkeiten, die eine Führungskraft einer mittelgroßen Feuerwehr im Laufe eines Jahres auf den Schreibtisch bekommen kann. Einige Unterlagen und Vorgänge gab es vor zehn Jahren noch gar nicht. Der Mehraufwand an Verwaltung entsteht auch dadurch, dass viele Unterlagen laufend zu aktualisieren sind.

4.6 Der Praktiker schlägt zurück – Kampf dem Verwaltungswahnsinn

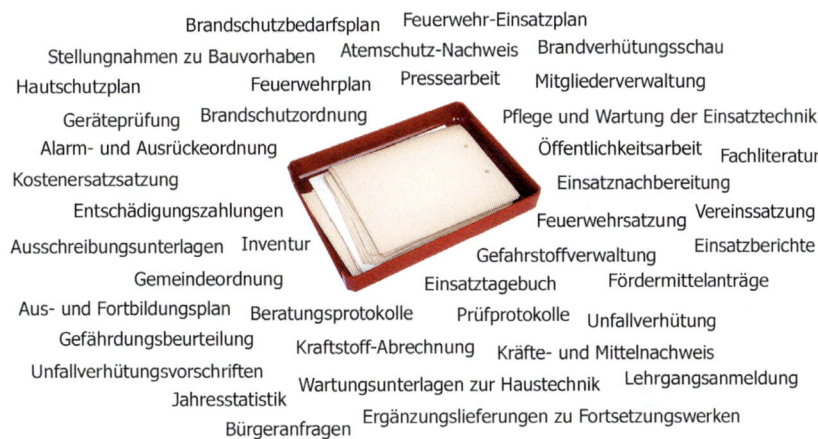

Bild 9: *Verwaltungstätigkeiten und einsatzbezogene Unterlagen in einer Feuerwehr (willkürliche Auswahl)*

Welche Tipps lassen sich nun für die Reduzierung des Verwaltungsaufwands ableiten, ohne die Rechtssicherheit Ihrer Arbeit zu gefährden? Eine wichtige Warnung zum Anfang: Vergessen Sie die vielen auf dem Markt erhältlichen Zeitmanagement-Bücher. Damit lernen Sie in erster Linie, wie Sie die anfallenden Arbeiten noch schneller erledigen. Das hat zur Folge, dass noch mehr auf Ihrem Schreibtisch bzw. Ihrem Rechner landen wird. Ihr Hamsterrad dreht sich dann zwar schneller, damit ist ihnen als Hamster aber nicht geholfen.

Nachfolgend daher einige Tipps, wie Sie aus dem Hamsterrad aussteigen, wie Sie wenigstens selbst die Drehgeschwindigkeit bestimmen können oder statt Ihrer selbst Ihre Vorgesetzten merken lassen, was diese mit Ihrer Arbeitsverteilung anrichten. Die ersten beiden Hinweise beziehen sich auf Beratungen/Besprechungen:

- Für viele Beamte und Angestellte aus den Führungsetagen unserer Organisationen sind Besprechungen der einzige und daher willkommene Anlass, ihrer grünen Schreibtischunterlage einmal für kurze Zeit zu entkommen. Wenn das für Sie selbst nicht gilt und Sie den Eindruck haben, dass Besprechungen Ihnen wertvolle Arbeitszeit stehlen, liegen Sie damit vermutlich richtig. Sehen Sie deshalb zu, dass Besprechungen zeitlich limitiert und straff moderiert sind und die Ergebnisse schriftlich festgehalten werden. Ansonsten meiden Sie Besprechungen/Beratungen, wo es nur geht. Suchen Sie einen wichtigen Grund, dem Ganzen fernzubleiben und bitten Sie um eine Kopie des Protokolls per E-Mail.

4 Information und Kommunikation

- Gerade im Bereich der Freiwilligen Feuerwehren und in dort angesetzten Beratungen wird ein wichtiges Prinzip der Informationsgesellschaft häufig missachtet: Es sollten nicht die Informationen präsentiert werden, die aus der Sicht des Informierenden wichtig sind, sondern vor allem oder sogar nur noch die, die der Empfänger abfragt. Insofern kann ein gut gestaltetes Internetportal (z. B. der Aufsichtsbehörden oder Feuerwehrschulen) mehr zur Ehrenamtsförderung beitragen, als groß angelegte Werbekampagnen.

Die folgenden Hinweise beziehen sich auf Ihre Mediennutzung bzw. Ihr Kommunikationsverhalten. Zwei Hinweise zum Umgang mit E-Mails:

- E-Mails sind eine feine Sache, wenn Sie intelligent eingesetzt werden. Denken Sie einmal darüber nach, wie Sie die Vorteile dieses Mediums für Ihre Ziele nutzen können. E-Mails können Ihnen viel Arbeit vom Hals schaffen. Dieses Ziel erreichen Sie niemals, wenn Sie es machen, wie von mir in einer Feuerwehr beobachtet: Alle Mails ausdrucken, in einem Ordner abheften und archivieren. Diesen Mails ergeht es, wie den zwanzig Jahre alten Schuhen auf Ihrem Dachboden: Niemand weiß, dass sie überhaupt noch vorhanden sind.
- Der vielleicht größte Vorteil von E-Mails ist, dass Sie ihnen erlauben, den Zeitpunkt der Bearbeitung weitgehend selbst festzulegen. Vielleicht spricht nichts dagegen, für das Abarbeiten Ihrer Mails einen oder zwei bestimmte Wochentage festzulegen. Soweit möglich, können Sie folgende Grundregel etablieren: Gehen Sie nicht zu Besprechungen, wenn Sie die Angelegenheit auch durch einen Anruf klären können. Nehmen Sie keinen Anruf an, wenn Sie die Gelegenheit auch per E-Mail klären können. Einzige Ausnahme: Ihnen selbst ist ausdrücklich an einem Treffen oder einem Gespräch gelegen.

Abschließend ein Tipp, der Ihre gesamte Grundeinstellung zur Informationsflut und zum Verwaltungswahnsinn angeht: Gewöhnen Sie sich an, ausgewählte Dinge einfach zu ignorieren. Kultivieren Sie »selektive Ignoranz«. Es wird eine Weile dauern, bis sich alle Ihre Kollegen und privaten Bekannten daran gewöhnt haben, aber danach besitzen Sie deutlich mehr Freiräume als vorher. Lassen Sie sich auch keine Termine und Verabredungen aufdrängen. Versenden Sie bei E-Mails keine Lesebestätigungen. Hören Sie keine Mailbox-Nachrichten ab. Wenn Sie ein gewissenhafter Mensch sind, sollte bekannt sein, dass Sie wichtige Angelegenheiten auch als

4.6 Der Praktiker schlägt zurück – Kampf dem Verwaltungswahnsinn

solche bearbeiten. Und auch wenn Ihr Verantwortungsbereich noch so klein ist: Jeder muss Ihnen zugestehen, dass Sie Ihre Prioritäten selbst setzen dürfen.

Selektive Ignoranz ist auch das Mittel der Wahl in fachlichen Dingen. Hier eine willkürliche Auswahl von hochinteressanten Unwichtigkeiten, die unsere Fachwelt immer wieder in Atem halten:

- Viele Fachzeitschriften berichten gerne und ausgiebig von neuen (herrlich bunten) Fahrzeugen und Gebäuden in unseren Organisationen. Ignorieren Sie diese Seiten. Es sei denn, Sie sind Technikfan oder Sie müssen selbst ein Fahrzeug kaufen oder ein Gebäude errichten.
- Viele Verbände geben Fachinformationen in Form von Merkblättern und Handkarten heraus, häufig als Ergebnis der Arbeit eines Arbeitskreises. Die flattern dann in elektronischer Form in Ihr Postfach. Wenn Sie Ehrenvorsitzender des Feuerwehrvereins einer kleinen Ortsteilwehr sind, können Sie die neue Fachinformation über Hydranten-Entlüfter getrost löschen. Sind sie Leiter der Bergwacht in einem kleinen entlegenen Bergdorf, müssen Sie die neue Taktikregel für Terroranschläge nicht auswendig kennen.
- Das Internet hat sich zum Tummelplatz für Belanglosigkeiten entwickelt. Viele Feuerwehren berichten auf ihren Webseiten über hochdramatische Papierkorbbrände und herzerweichende Katzenrettungen. Verschwenden Sie keine Zeit mit dem Lesen solcher Berichte, es sei denn der Papierkorb stand in einem Baumarkt, der in Folge der Löschbemühungen mit abbrannte und die Katze gehörte Ihrer Gattin, die seither an Depressionen leidet.

Das Konzept der selektiven Ignoranz erscheint auf den ersten Blick vielleicht als Aufmüpfigkeit oder sogar Provokation und passt nicht in die Kultur Ihrer Organisation oder Behörde. Allerdings ist dies der einzige Weg, dem Verwaltungswahnsinn halbwegs Herr zu werden. Nur so erreichen Sie persönliche Spielräume (im wahrsten Sinne des Wortes). Denn Kreativität und Innovation gedeihen nur in Abgeschiedenheit, Ruhe und in Freiräumen. Und je seltener diese Randbedingungen in unserer Gesellschaft und in unser aller Arbeitsleben werden, desto mehr müssen wir sie suchen; desto wertvoller werden sie.

Ein Warnhinweis: Manch einer ihrer Kollegen, Kameraden und Vorgesetzten wird sich durch Ihre neue Ignoranz und/oder Ihre Freiräume angegriffen oder in Frage gestellt fühlen. Damit müssen Sie leben. Im Ernstfall erklären Sie besser nichts, sondern gehen einfach ihren Weg. Im Zweifelsfall stellen Sie sich dumm. Das sollte Ihnen als intelligentem Menschen nicht allzu schwer fallen.

4 Information und Kommunikation

»Zurück zum Wesentlichen. Zurück zur eigentlichen Arbeit.« Vielleicht ist dieses Motto auch für Sie das Gebot der Stunde. Vielleicht kennen Sie die bekannte Geschichte des Geschäftsmannes, der in einem Zwangsurlaub am Meer auf einen Fischer trifft (vgl. Böll, 1963):

Ein Geschäftsmann macht auf Anweisung seines Arztes einen Urlaub am Meer. Bereits am ersten Tag erhält er morgens einen wichtigen Anruf aus seinem Büro. Danach ist es mit der Ruhe vorbei. Um wieder einen klaren Kopf zu bekommen, macht er einen Spaziergang an den Strand. Dort liegt ein kleines Fischerboot. Ein Fischer sitzt neben seinem Fang, einigen prächtigen Fischen. »Wie lange haben Sie gebraucht, um die Fische zu fangen?« fragt der Geschäftsmann. »Nicht sehr lange.« antwortet der Fischer. »Wieso bleiben Sie nicht länger auf dem Wasser und fangen mehr Fische?« will der Geschäftsmann wissen. »Wissen Sie, es reicht für meine Familie. Auch meinen Freunden kann ich sogar noch davon abgeben.« »Ja, und was machen sie mit dem Rest Ihrer Zeit?« Der Fischer denkt eine Weile nach und lächelt: »Ich schlafe oft aus, spiele mit meinen Kindern, sitze bei meiner Frau, abends gehe ich ins Dorf. Dann trinken wir Wein und ich spiele Gitarre. Ich bin sehr beschäftigt!« Der Geschäftsmann lacht und richtet sich auf: »Hören Sie. Ich bin Manager mit einem Uniabschluss. Lassen Sie mich Ihnen helfen: Sie sollten länger rausfahren. Bald können Sie sich ein größeres Boot kaufen. Von dem Gewinn wiederum können Sie ein weiteres Boot kaufen, und so weiter. In ein paar Jahren haben Sie eine ganze Flotte von Fischerbooten!« Er spricht weiter: »Sie müssen nicht mehr an Zwischenhändler verkaufen, sondern eröffnen einen Markt. Sie können auch eine kleine Konservenfabrik aufmachen. Sie können alles selbst kontrollieren, vom Fang bis zum Verkauf der Fische. Vielleicht können Sie in die Stadt ziehen und eine Unternehmenszentrale aufbauen.« Der Fischer schaut ungläubig und fragt zurück: »Mein Herr, wie lange soll das Ganze denn dauern?« Darauf der Geschäftsmann: »Wenn sie gut sind, so etwa 10 bis 20 Jahre. Vielleicht schaffen Sie es sogar bis an die Börse. Sie können irgendwann Millionen verdienen!« Darauf der Fischer: »Millionen verdienen – und dann?« »Dann können Sie es sich leisten, sich zur Ruhe zu setzen. Sie können ausschlafen, haben Zeit für Ihre Kinder. Sie können Zeit mit Ihrer Frau verbringen. Und abends können Sie ins Dorf gehen, Wein trinken und Gitarre spielen!«

Literaturtipp:
Gunter Dueck: Schwarmdumm – So blöd sind wir nur gemeinsam, Verlag Campus, 2015.

5 Außenseiter und Sonderfälle

5.1 Dummschwätzer und Quertreiber – Umgang mit Problemfällen

Diese Lektion ist speziell für Freiwillige Feuerwehren konzipiert und soll Sie dazu anregen, einmal grundsätzlich Ihre Personalsituation zu überdenken. Wie haben Sie bisher neue Kameraden gewonnen? Haben Sie auf Masse statt auf Klasse gesetzt? Mussten Sie nehmen, was kommt? Warum? Diese Einheit möchte vermitteln, dass es in Zukunft anders gehen muss. Eine Umkehr des Grundsatzes in Klasse statt Masse sollte dabei helfen, Ihr Mitgliederproblem zu lösen oder wenigstens zu entschärfen.

Geh weg von dem Toren, denn du lernst nichts von ihm. Das ist des Klugen Weisheit, dass er achtgibt auf seinen Weg; aber der Toren Torheit ist lauter Trug.
Die Bibel, Sprüche 14,7-8 (Luther 2017)

Es lassen Schein und Sein sich niemals einen, nur Sein allein besteht durch sich allein. Wer etwas ist, bemüht sich nicht zu scheinen. Wer scheinen will, wird niemals etwas sein.
Friedrich Rückert

Dummheit ist ansteckend, Verstand wächst sich kaum zur Epidemie aus.
Kazimierz Bartoszewicz

Es dauerte nicht einmal einen Tag, dann hatten wir uns zusammengerauft. Es war ein angenehmer Lehrgang und ich freute mich auf den Abend. Dann finden bekanntlich bei Fortbildungen die interessantesten Gespräche statt. Wir saßen in einer lockeren Runde bei einem Glas Bier. Ein Jugendwart mir gegenüber klagt: »In unserer Stadt ist die Jugendfeuerwehr zum Auffangbecken für Kinder aus der Unterschicht geworden. Dass wir uns mühen, alles kostenlos zu organisieren, läuft uns jetzt ans Bein. Die Eltern sind froh, wenn sie ihre Sprösslinge für ein paar Stunden los sind, die anderen Freizeitanbieter ebenso. Zwei waren schon in der THW-Jugend; dort sind sie rausgeflogen. In den letzten Jahren hatten wir schon öfters die Polizei im Haus – wegen Drogen.« Neben ihm ein Wehrleiter einer kleinen ländlichen Feuerwehr: »Unsere Neuzugänge haben ein erschreckend niedriges Ausbildungslevel. Der Truppmann-Lehrgang wurde an drei Wochenenden durch Video-Anschauen absolviert. Manche können eins und eins nicht mehr zusammenzählen. Eigentlich müsste ich im Einsatz neben jeden neuen Kameraden noch einen Aufpasser stellen.« Später fand ein ehrenamtlicher Kreisbrandmeister einen Platz an unserem Tisch. Auch er hatte in der vergangenen Woche einiges an Frust aufgebaut, war froh, einmal für eine Woche auf dem Lehrgang zu sein und musste seinen angestauten Ärger scheinbar einmal loswerden: »Beim gemeinsamen Ausbildungswochenende zeigte sich wieder mal die Schlampigkeit in Potenz, und das bei der älteren Generation, die eigentlich Vorbild sein soll: Halb zivil, halb Uniform, halb Dienst-, halb Einsatzkleidung, verdreckte Stiefel; keiner kann mehr Antreten; einer rollt Schläuche, die anderen schauen zu und rauchen dabei – das ging schon mal besser! Wenn man jemanden darauf anspricht, glotzen die einen nur mit großen Augen an. Die wissen nicht einmal, was man von ihnen will. Und was noch schlimmer ist: Es interessiert sie auch nicht.«

Was sich der Kreisbrandmeister sonst kaum zu sagen traut, kein Bürgermeister im Rechenschaftsbericht zu hören bekommt, dem Innenminister verborgen ist und was in keiner Fachzeitschrift diskutiert wird, merkt der aufmerksame Beobachter inner- und außerhalb der Feuerwehr immer deutlicher: Das Niveau in den Köpfen vieler Kameraden hat erschreckend nachgelassen. Damit man mich nicht falsch versteht: Intelligenz und Bildung schützen nicht vor Dummheit und Fehlverhalten. Wir haben in unseren Wehren viele Menschen mit einer einfachen (Aus-)Bildung, die manchem Studienrat oder Doktor in Sachen Charakter einen gewaltigen Schritt voraus sind. Vor allem Einsatzwillen und Verlässlichkeit sind ihre großen Stärken.

Die Verblödung in unseren Reihen ist also kein geistiges Problem, sondern vielmehr ein charakterliches. Dass zum Dienst in einer Hilfsorganisation eine gewisse charakterliche Reife gehört, wird in unseren Rechtsgrundlagen eingestanden, aber wegen chronischen Personalmangels im Ehrenamt zwangsläufig hinten angestellt. Charakter und persönliche Reife ist ja auch kein »harter« Fakt, keine messbare Größe, kein objektives Vergleichskriterium. Ist die These dieses Kapitels daher vielleicht auch nur eine Vermutung, Polemik oder gar arrogantes Gehabe? Vielleicht werden wir insgesamt auch nicht dümmer, vielleicht haben die Dummen vielerorts nur das Ruder in die Hand genommen, geben den Ton an und den Takt vor und werden nicht mehr korrigiert. Vielleicht sind auch einfach die Anforderungen an das Ehrenamt Feuerwehr gestiegen und zeigen uns, wie wenig wir eigentlich wissen und können? Was unter dem Radar der Bevölkerungsmehrheit vonstatten geht: Das Ehrenamt Feuerwehr hat sich heimlich, still und leise zum Berufsbild entwickelt und hat mit Hobby und Freizeitspaß nicht mehr viel gemein. Darüber können auch Zeltlager für die Jugendfeuerwehr nicht hinwegtäuschen.

Vor den (zugegeben spärlichen) Lösungsansätzen noch einige allgemeine, hilfreiche Beobachtungen, die mir auch im täglichen Umgang mit meinen Mitmenschen

5.1 Dummschwätzer und Quertreiber – Umgang mit Problemfällen

helfen: Auffallend ist, dass Dummheit sich proportional zu Selbstbewusstsein und Frechheit verhält. Anders formuliert: Je dümmer, desto größer das Selbstvertrauen. Erschwerend kommt hinzu, dass charakterlich schwache Menschen ihre eigenen Fähigkeiten deutlich überschätzen, während sie gleichzeitig die Intelligenz wirklich kluger Leute deutlich zu niedrig einstufen. Wirklich kluge, gebildete Menschen hingegen sind in aller Regel und leider mit viel zu wenig Selbstvertrauen ausgestattet. Und immer sind wirklich (auch charakterlich) gebildete Leute von erstaunlicher Bescheidenheit und Schlichtheit.

Ein paar passende Zeilen zum Thema von Dietrich Bonhoeffer aus seinem Aufsatz über die Dummheit möchte ich in diesem Zusammenhang nicht vorenthalten (Bonhoeffer, 1985):

»Um zu wissen, wie wir der Dummheit beikommen können, müssen wir ihr Wesen zu verstehen suchen. Soviel ist sicher, dass sie nicht wesentlich ein intellektueller, sondern ein menschlicher Defekt ist. Es gibt intellektuell außerordentlich bewegliche Menschen, die dumm sind, und intellektuell sehr Schwerfällige, die alles andere als dumm sind. Dabei gewinnt man weniger den Eindruck, dass die Dummheit ein angeborener Defekt ist, als dass unter bestimmten Umständen die Menschen dumm gemacht werden, bzw. sich dumm machen lassen. Wir beobachten weiterhin, dass abgeschlossen und einsam lebende Menschen diesen Defekt seltener zeigen als zur Gesellung neigende oder verurteilte Menschen und Menschengruppen. So scheint die Dummheit vielleicht weniger ein psychologisches als ein soziologisches Problem zu sein. Sie ist eine besondere Form der Einwirkung geschichtlicher Umstände auf den Menschen, eine psychologische Begleiterscheinung bestimmter äußerer Verhältnisse. Bei genauerem Zusehen zeigt sich, dass jede starke äußere Machtentfaltung, sei sie politischer oder religiöser Art, einen großen Teil der Menschen mit Dummheit schlägt.«

So deprimierend die Beschäftigung mit dem Thema ist – diese Sätze geben auch Hoffnung und eröffnen die Möglichkeit, dass gute Führungskräfte ihre Organisation maßgeblich zum Guten beeinflussen können. Wie Bonhoeffer schon schreibt: Um einen Lösungsansatz zu finden, muss man sich über die Ursachen des Phänomens im Klaren sein. Wie konnte es erst soweit kommen? Die Feuerwehr und auch das Ehrenamt im Rettungsdienst ist in vieler Hinsicht (nicht in jeder) lediglich ein Spiegel des Bevölkerungsdurchschnitts.

Bedingt durch die Massenmedien und die Sozialen Netzwerke erleben wir unbestreitbar eine allgemeine Niveauabsenkung. Und gerade in der Medienlandschaft wird dieses Phänomen besonders augenfällig. Nun doch etwas polemisch formuliert: Die

5 Außenseiter und Sonderfälle

Doofen haben scheinbar mittlerweile ganze Fernsehsender übernommen und versprechen tagaus tagein Ruhm und Reichtum für beinahe keinen Aufwand. Diese selbstverliebten Helden der Medienwelt sind das genaue Gegenteil des Typs Mitmensch, den wir in Feuerwehr und Rettungsdienst brauchen. Und als ob das nicht genug wäre: Die Niveausenkung bezieht sich nicht nur auf die Bereiche Wissen und Bildung, sondern auch auf das Feld der Ethik, der Werte, der Moral. Hergebrachte Werte, die das Lebenselixier der Hilfsorganisationen sind, stehen nicht mehr hoch im Kurs. Dazu gehören Disziplin, Ordnung, Höflichkeit, Pünktlichkeit, Korrektheit.

Noch einmal sei betont: Das alles ist also keine Frage der Bildung oder Ausbildung. Nicht wenige der bessergestellten und höhergebildeten Mitbürger würden sich schwer hüten, einen Finger für ein Ehrenamt krumm zu machen. Feuerwehr liegt außerhalb ihrer Sozialisation, man darf die Kameraden belächeln, solange man sie nicht braucht. Es geht also – wie schon beschrieben – um Charakter, nicht um Intelligenz.

Die Folgen für unsere Feuerwehren machen sich jedenfalls längst bemerkbar. Siehe obige Beispiele. Wir haben engagierte Leute in der Öffentlichkeitsarbeit; deren Arbeit durch ein Negativbeispiel zunichte gemacht wird. Der eine Brandstifter aus den eigenen Reihen, der eine Saufkumpan in Uniform, der eine Schaden durch Raserei zum Gerätehaus stellen jahrelange Aufbauarbeit in Kindergärten, Presse und bei Veranstaltungen in Frage. Die Schlauen im Lande sehen sich bestätigt: Freiwillige Feuerwehr ist vielerorts ein Hobby für Unterbelichtete, für verkappte Superstars, für Blaulichtgeile, für die bildungsfernen Schichten. Wir erleben gerade den Vollzug einer sich selbst erfüllenden Prophezeiung. Wie Sie hier eine Änderung anstoßen können, lesen Sie im Praxisteil.

Wie sieht der Ausweg aus dem beschriebenen Dilemma aus? Diskutieren Sie folgende Anregungen doch einmal im Rahmen einer Wehrleiterberatung oder einer Versammlung mit Ihren verantwortlichen Gruppen- oder Zugführern:

Erstens muss die Wehr attraktiv gemacht werden für »Höhergebildete« oder besser »Charaktergebildete«, für gefestigte Leute mit Vorbildpotenzial. Machen Sie das Anheben des geistigen Niveaus Ihrer Feuerwehr zur Chefsache! Auch wenn das in Ihrem Ort zu einer hundertjährigen Tradition geworden ist: Vergessen Sie Tage der offenen Tür mit Freibier für alle. Vergessen Sie Frühschoppen mit DJ XY. Sprechen Sie in Ihrem Heimatort Charakterköpfe mit Vorbildwirkung auf eine Mitarbeit in der Freiwilligen Feuerwehr gezielt an. Gehen Sie dabei auf mehrere Leute gleichzeitig zu und fassen Sie eine klare Aufgabe in Ihrer Feuerwehr ins Auge! Vergleiche dazu Kapitel 3.1 über Inspiration und Motivation. Wir brauchen eine Exzellenzinitiative für die Feuerwehr.

5.1 Dummschwätzer und Quertreiber – Umgang mit Problemfällen

Zweitens müssen die »schwarzen Schafe« an die Basis verfrachtet werden und dort verweilen, bis sie den Nachweis für eine eventuelle Weiterverwendung in Führungsfunktionen erbracht haben. Sie müssen solange einfache Tätigkeiten ausführen, bis sie Einsicht und Verständnis für einen größeren Verantwortungsbereich zeigen. Hieven Sie solche Leute nicht zu zeitig in Führungsfunktionen. Sie tun sich und Ihrer Feuerwehr damit keinen Gefallen.

Drittens: Notfalls trennen Sie sich von notorischen Trunkenbolden, böswilligen Quatschköpfen und unfähigen Wichtigtuern. Die Satzungen geben es her, solche Mitglieder hinauszubefördern. Mir geht es so: Ich fahre lieber mit drei Leuten zum Einsatz, mit denen ich etwas anfangen kann, als mit zehn, die nichts taugen.

Viertens: Exzessiver Medienkonsum und hirnlose Kommunikation, wie beispielsweise während des Einsatzes Bilder zu machen und in sozialen Netzwerken zu teilen, müssen unterbunden werden. Bei Zivilpersonen rufen wir nach Bestrafung, in den eigenen Reihen dulden wir es? Lassen Sie sich als Feuerwehr nicht zu sehr mit sozialen Netzwerken ein, vor allem lassen Sie es nicht zu, dass die Sozialen Netze den Dienstweg unterlaufen und umgehen.

Insgesamt: Es gibt hier also keine Neutralität; eine Führungskraft hat niemals jeden zum Freund. Wer die Schlechten hofiert, vergrault die Besseren. Daher gilt: Wenn die Richtigen den Ton angeben, klingt das ganze Orchester gut.

Zum Schluss noch einmal Bonhoeffer (Bonhoeffer, 1985):

»Übrigens haben diese Gedanken über die Dummheit doch dies Tröstliche für sich, dass sie ganz und gar nicht zulassen, die Mehrzahl der Menschen unter allen Umständen für dumm zu halten. Es wird wirklich darauf ankommen, ob Machthaber sich mehr von der Dummheit oder von der inneren Selbständigkeit und Klugheit der Menschen versprechen.«

5 Außenseiter und Sonderfälle

5.2 Das haben wir schon immer so gemacht – Generationenkonflikte

Wenn Sie zu denjenigen gehören, die in ihrer Hilfsorganisation oder Feuerwehr auch nur eine kleine Veränderung anstoßen wollten und am Widerstand der Älteren daran gescheitert sind, ist diese Einheit für Sie gemacht. Vielleicht kommt Ihnen der Satz aus der Überschrift bekannt vor. Lernen Sie verstehen, warum viele Ihrer Kollegen den Status quo so lieben und wie Sie Veränderungen durchsetzen, ohne dabei Kollegen vor den Kopf zu stoßen.

Erfahrung heißt gar nichts. Man kann seine Sache auch 35 Jahre lang schlecht machen.
Kurt Tucholsky

Sprich über das Moderne ohne Verachtung und über das Alte ohne Vergötterung.
Philip Dormer Stanhope

Generationen reden verschieden und handeln gleich.
Carl Ludwig von Haller

Er war wieder mal schlecht gelaunt, hatte sich und die anderen satt und war fertig mit der Welt. Von der »heutigen Jugend« hielt er nicht allzu viel. Als Hauptamtlicher in der Feuerwehr seiner Kleinstadt hing viel an ihm und von ihm ab. Er lebte für die Feuerwehr, besser: für seine Feuerwehr. Darunter hatte auch schon mal der eigene Urlaub zu leiden. Seine Frau hatte zum Glück immer mitgezogen. Sein Arbeitstag war beendet; beim Abendbrot war er in Gedanken immer noch in der Wache; er zog Bilanz: Gleich früh hatte er ein Belüftungsgerät vom Einsatz am Vortag repariert. Würden seine Leute ein bisschen pfleglicher mit der Ausrüstung umgehen, hätte er sich die Arbeit sparen können. Nach dem Frühstück hatte sich ein Kindergarten mit fünfundzwanzig Halbwüchsigen für eine Führung durch die Wache angekündigt. Die zwei Stunden hatten ihn für den Rest des Tages geschafft. Nur mit Mühe war es den Erzieherinnen gelungen, wenigstens für eine halbe Stunde Ruhe herzustellen. Seine Stimme war noch immer angeschlagen wegen der Lautstärke, mit der er sich Gehör verschaffen musste. Die Fahrt mit der Drehleiter zum TÜV nach der Mittagspause hatte er regelrecht genossen. Nachmittags stand eine Ausbildungseinheit im Truppführer-Lehrgang an. Auch hier sah er seine Meinung über die junge Generation wieder bestätigt: Sie achtet keine Autoritäten mehr und hat nur das Feiern im Sinn. Im Einsatz

5.2 Das haben wir schon immer so gemacht – Generationenkonflikte

sind die jungen Leute zu heißspornig und bei der Ausbildung zu unaufmerksam. Es fällt ihm schwer, seine Meinung nicht offen herauszutönen. Schließlich war es ihm früher selbst auch so ergangen. Er musste sich von den Älteren die Meinung sagen lassen und hat manches Mal seinen Ärger hinunterschlucken müssen. Mit seinen Ansichten war er zu einem verbiesterten Mann geworden, der alle Chancen vertan hatte, irgendeinen positiven Einfluss auf die nachkommende Generation auszuüben.

Das Miteinander der Generationen birgt in jeder Organisation Konfliktpotenzial. In Feuerwehr und Rettungsdienst kommt das besonders zum Tragen, da man hier enger zusammenarbeitet und voneinander abhängig ist. Wenn die Erwartungen und der Enthusiasmus hoch sind, wiegen Enttäuschungen umso schwerer. Bis zu einem gewissen Grad sind Konflikte ganz natürlich, wenn Menschen aufeinandertreffen. Was aber ist ein gutes Maß? Wie findet man die Balance zwischen »Früher war alles besser« und »Mit frischem Wind in die Zukunft«, zwischen »bloß keine Veränderungen« und »neue Besen kehren gut«? Mit welchem Ansatz kann man dem Problem beikommen?

Eine ganz simple Lösungsmöglichkeit wäre, dass einfach die »Alten« das Sagen behalten und die Jungen sich unterordnen und einfügen, bis sie sich als vollwertiges Mitglied profiliert und ihre Hörner abgestoßen haben. So läuft es ja auch im Allgemeinen, aber die Gefahr der Demotivierung der nächsten Generation liegt auf der Hand. Und die können wir uns eigentlich nicht leisten.

Mehr als kluge Hinweise für den toleranten Umgang von Alt und Jung und Appelle an das gegenseitige Verständnis dient vielleicht die Darstellung der unterschiedlichen Denkvoraussetzungen der jungen und älteren Generation. Wer versteht, wie der andere tickt und welchen Hintergrund er mitbringt, wird sich mit der Achtung vor dem Anderen nicht mehr so schwertun und eine gegenteilige Meinung in bestimmten Punkten nicht als Unwillen oder Verweigerung interpretieren.

Um zu verdeutlichen, wie gravierend die Veränderungen in den Denkprämissen sind, stelle ich einmal die wichtigsten Denkvoraussetzungen der älteren und jüngeren Generation(en) übersichtlich dar. Darüber wird nie gesprochen, aber unterbewusst prägen diese Denkmuster unsere Einstellung zu bestimmten Dingen und damit unseren Dienstalltag und gelten sowohl für Angehörige der Feuerwehr, des Rettungsdienstes und für jedes beliebige Mitglied unserer Gesellschaft. Was die Sache nicht einfacher macht: Wenn die ältere Generation aus einem anderen politischen System kommt, wie der DDR. Bedingt durch die Mangelwirtschaft war hier beispielsweise eine ganz andere Wertschätzung für die Ausrüstung der Feuerwehr vorhanden, die in der heutigen Überfluss-Gesellschaft bei der jüngeren Generation nicht mehr erwartet werden kann. Wenn im Folgenden von der »jüngeren« und der

»älteren Generation« die Rede sein wird, sehe ich die Altersgrenze etwa bei 40 bis 50 Lebensjahren.

Zunächst also stichpunktartig und sehr plakativ die Paradigmen des Zeitalters der Moderne und Postmoderne, aus der die Älteren unter uns kommen, in der sie geprägt worden sind.

Für die ältere Generation ist der Mensch ein vernunftbegabtes Wesen, der auch entsprechend handeln sollte. Der Staat mit seinen Behörden und Ämtern ordnet die Gesellschaft zum Wohle aller. (Die Kirche zeigt dem Menschen den Weg zur Seligkeit.) Die Wissenschaft forscht im Dienst der Menschheit und der Fortschritt macht das Leben angenehmer. Die soziale Herkunft bestimmt den Lebensstandard. Unsere Autoritäten wissen, was richtig ist und machen Regeln, an die man sich halten sollte. Anständige Menschen wissen auch von selbst, was moralisch richtig ist. Männer und Frauen haben ihre festen Rollen in der Gesellschaft. Familie ist, wo sich ein verheiratetes Paar um gemeinsame Kinder kümmert.

Die jüngere Generation ist geprägt von ganz anderen Glaubenssätzen, nämlich denen der Postmoderne, aus der wir ebenfalls kommen und in der wir uns schon nicht mehr befinden. Diese Grundsätze sind oft das genaue Gegenteil von den oben genannten:

Der Mensch ist zwar vernunftbegabt, handelt aber oft erstaunlich irrational. Der Staat ist skeptisch zu betrachten, da er auch gefährlich werden kann. Die Kirchen richten sich selbst oft nicht nach ihrer eigenen Botschaft; Religion ist Ansichtssache. Die Wissenschaft könnte uns alle umbringen und der ungebremste Fortschritt bedroht unsere Umwelt. Die soziale Herkunft eines Menschen sollte nicht seinen Lebensstandard bestimmen. Allgemeine Autoritäten gibt es nicht mehr; jeder muss sich selber Menschen suchen, die Autorität haben und sind. Die Gesellschaft gibt keinen Moralkonsens mehr vor. Jeder sollte seine eigenen Vorstellungen von Moral und Ethik entwickeln. Männer und Frauen sollen nicht auf Rollen festgelegt werden. Familie ist, wo Menschen zusammenleben und sich um Kinder kümmern.

Wenn Sie die beiden Positionen vergleichen, werden Sie zugeben müssen, dass trotz ihrer Gegensätzlichkeit keine grundsätzlich als falsch oder richtig einzustufen ist. Unsere Generationenkonflikte (auch in unseren Organisationen) kommen oft nur aus mangelnder Kenntnis der anderen Generation und deren »Zeit« zustande. Weil man das Handeln der anderen Generation in konkreten Situationen nicht nachvollziehen kann und weil kaum Zeit für Erklärungen ist, erklärt man sich dann gegenseitig für verrückt. Was hier hilft: Ein gutes Miteinander in der Truppe mit Raum zum Zuhören, wenn Ältere berichten, gelebte Traditionspflege ohne Nostalgie und Fahnenkult. Dann reift bei den Jüngeren die Erkenntnis, dass die Weltgeschichte nicht

5.2 Das haben wir schon immer so gemacht – Generationenkonflikte

mit ihnen beginnt, dass man früher besser improvisieren konnte, dass die Alten ihre Berechtigung haben.

Zum Schluss nun doch noch ein Appell an das gegenseitige Verständnis: Obwohl es in vielen Dingen ein Richtig und ein Falsch bzw. ein Wahr und ein Falsch gibt, lassen sich die Prämissen des Gegenübers nicht so oft in diese Kategorien einordnen, wie man häufig vorschnell annimmt. Das gilt für Jung und Alt, für Klein und Groß und wohl für alle gegensätzlichen Positionen.

Wiederum können Sie die folgende Aufgabe für sich allein oder im Kreis Ihrer Führungskräfte bearbeiten. Überlegen Sie einmal, welche Einstellung man in Ihrer Organisation früher und heute zu bestimmten Themen an den Tag legte und warum. Dabei werden Sie entdecken, dass es nicht immer böser Wille war und ist, warum man die Dinge früher und heute anders macht(e). Vielleicht entdecken Sie sogar, dass es genau die gleichen Motive waren bzw. sind, die zu unterschiedlichen Sichtweisen und Ergebnissen geführt haben bzw. führen.

Verwenden Sie folgende Tabelle, um die Sichtweisen von damals und heute einander gegenüberzustellen. Sie dürfen und müssen beim Ausfüllen ein wenig verallgemeinern. Bei der Spalte »Früher« denken Sie vielleicht an Ihre Anfangsjahre bei der Feuerwehr oder im Rettungsdienst, an die Zeit um die Jahrtausendwende oder die Zeit vor der politischen Wende in der ehemaligen DDR.

Tabelle 4:

	»Früher«	»Heute«
Diensteinstellung		
Dienstkleidung		
Berufsethik		»Jobdenken«
Motive für das Ehrenamt	Es zählten v. a. Pflichterfüllung, Aufopferung für die Aufgabe, Nachbarschaftshilfe, Traditionspflege, …	Es zählen v. a. persönliches Wachstum, sinnvolle Freizeitgestaltung, der »Spaßfaktor«, …
Einstellung zu Fahrzeugen und Geräten	Große Wertschätzung	

5 Außenseiter und Sonderfälle

5.3 Dreckige Witze und tolle Kalender – Geschlechterkonflikte

Frauen in der Feuerwehr – ein kontroverses Thema. Was im Rettungsdienst und in vielen Feuerwehren meist gut funktioniert – das Miteinander beider Geschlechter – ist in anderen Wehren längst keine Selbstverständlichkeit. Dabei ist es vor dem Hintergrund der Personalprobleme der Feuerwehren außerordentlich zu wünschen, dass mehr Frauen in den Organisationen einen festen Platz finden. Allerdings nicht nur deshalb, denn Frauen sind nicht nur die Lückenfüller, wenn in der Männerwelt etwas nicht funktioniert. Hartnäckig halten sich Vorurteile gegenüber Frauen und man vergibt sich Chancen, wenn Frauen im Ehrenamt nicht gewürdigt werden. Diese Lektion macht dieses Problem zum Thema. Als Ziel dieser Einheit sollten Sie einschätzen können, ob Sie in Ihrer Feuerwehr auf diesem Gebiet Hausaufgaben zu erledigen haben.

Alle Völker, die Gesittung hatten, haben die Frauen geachtet.
Jean-Jacques Rousseau

Eine Führung durchs Gerätehaus der Feuerwehr für die örtliche Grundschule im Rahmen einer Praktikumswoche war seit vielen Jahren Tradition. Schulungsraum – Küche – Traditions-Kabinett – Wehrleiterbüro – Spindraum – Fahrzeughalle, so verlief der gewohnte Weg. Das Highlight für die Kinder kam aus pädagogischen Gründen immer zum Schluss: eine Fahrt mit dem Löschfahrzeug. Bis die Grundschulklasse nebst zweier Lehrerinnen die Werkstatt erreichte, war alles friedlich und einigermaßen glatt gelaufen. Das eigentliche Ziel für die Werkstatt waren einige erklärende Worte zur Pflege und Wartung der Feuerwehr-Ausrüstung. Dieses Ziel hatte sich augenblicklich in Luft aufgelöst, weil die Kinder sich um den Fotokalender eines namhaften Kettensägen-Herstellers scharten. Daneben, mit fast gänzlich unbekleideten Feuerwehr-Schönheiten ein anderer Kalender. Auf dem Junibild räkelte sich die halbseitig tätowierte »Miss Technische Hilfeleistung« lustvoll ölverschmiert auf einem Hydraulikaggregat; Ihre Botschaft: Ich bin bei der Feuerwehr und ich bin billig. Die halbwüchsigen Jungs betrachteten schweigend, was wohl angewandte Kunst sein sollte, andere machten einen innerlichen Abgleich mit dem bisherigen Kenntnisstand über das weibliche Geschlecht und übertrafen sich in Anmerkungen über anatomische Details der abgebildeten Frauen, was die anderen wiederum mit schreiendem Gelächter honorierten. Die Mädchen standen etwas betreten abseits. Das Gerätelager nebenan bot noch mehr Gelegenheiten, vorpubertäre Vorkennt-

5.3 Dreckige Witze und tolle Kalender – Geschlechterkonflikte

nisse über das andere Geschlecht zu erwerben. Eilig wurden die Kalender abgehängt, bevor die Klasse den Raum erreichte.

Die aktuellen Personalnöte in den deutschen Freiwilligen Feuerwehren sind der Anlass für das Anliegen der einzelnen Wehren und der Verbände, verstärkt Frauen für die Feuerwehrarbeit zu gewinnen. Dieses Ansinnen ist nicht neu; bereits in den ersten Jahrzehnten der DDR wurden besondere Anstrengungen unternommen, vermehrt Frauen für die Arbeit der Freiwilligen Feuerwehren zu begeistern. Es gab zu diesem Zweck Frauenförderungspläne, Werbekampagnen und spezielle Arbeitsrichtlinien für Frauengruppen in den Wehren. Wichtiger als die Bewertung des Erfolgs dieser Maßnahmen in der Vergangenheit ist die Frage, ob die vermehrte Integration von Frauen auch heute eine erfolgsversprechende Idee ist und vor allem, was diesem Anliegen entgegensteht.

In einer Krisenzeit befinden sich das Ehrenamt im Allgemeinen und viele Freiwillige Feuerwehren im ländlichen Raum im Besonderen heute jedenfalls auch. Hierbei kann der Ausdruck »Krise« nicht nur als Notlage, sondern auch als Umbruchphase verstanden werden.

Zum Vergleich der Entwicklung des Frauenanteils in der Feuerwehr kann die Statistik des Deutschen Feuerwehrverbandes (2018) hinzugezogen werden. Rund eine Million Menschen sind in Deutschland ehrenamtlich in der Feuerwehr aktiv (Stand 31.12.2018 = 997.603). Dabei liegt das Engagement der Männer bislang deutlich über dem der Frauen, wobei zumindest ein Anstieg des Frauenanteils zu beobachten ist. Im Jahr 2005 waren Frauen noch bundesweit mit 6,83 Prozent (71.239 Feuerwehrfrauen) eine kleine Minderheit. In der Jugendfeuerwehr lag der Anteil der Mädchen bei 23,85 Prozent (60.717 weibliche Mitglieder). Im Jahr 2008 konnte dieser Anteil auf 7,73 Prozent (80.586 Frauen) bei den Erwachsenen gesteigert werden. Mittlerweile (Stand 31.12.2018) sind in den Freiwilligen Feuerwehren 98.493 Frauen (9,87 Prozent) aktiv.

Als Zielstellung wird definiert:
»Die Feuerwehren möchten Mädchen und Frauen verstärkt für bürgerschaftliches Engagement gewinnen. Langfristig strebt der Deutsche Feuerwehrverband an, den jetzigen Mitgliederstand der Feuerwehrfrauen im aktiven Dienst zu verdoppeln.«

Diesem Ziel kommt entgegen, dass in vielen ländlichen Regionen tatsächlich viele Frauen rund um die Uhr als Kameradinnen verfügbar wären. Ursache dafür ist u. a. die geringere Beschäftigungsquote bei Frauen aus vielerlei Gründen. Die Frage ist nun, ob diese Frauen tatsächlich als potenzielle Feuerwehrmitglieder in Frage kommen.

5 Außenseiter und Sonderfälle

Im Gegensatz zu städtisch geprägten Regionen stehen im ländlichen Raum viele Frauen freiwillig oder unfreiwillig für die traditionelle Rollenverteilung in der Familie. Das gilt auch und gerade für die ostdeutschen ländlichen Regionen, in denen der Beschäftigungsgrad von Frauen in der Wirtschaft zur DDR-Zeit wesentlich höher war, als in der Alt-Bundesrepublik. Hier sind es häufiger die Männer, die in einem bezahlten, vollen Beschäftigungsverhältnis stehen. Kommen Frauen deshalb nun tatsächlich als potenzielle Mitglieder der Feuerwehr in Frage?

Die Erfahrungen zeigen, dass Frauen zu spezifischen Tätigkeitsfeldern, auch im Ehrenamt neigen. Sie bevorzugen Initiativen und Organisationen mit flachen Hierarchien, lebendigen Strukturen und engagieren sich eher projektbezogen. Die Feuerwehr weist leider keines dieser drei Merkmale auf. Vermutlich liegt die Arbeit in der Feuerwehr, zumindest in vielen Tätigkeitsfeldern, ihrer Natur nach doch mehr den Männern. (Das wiederum heißt nicht, dass Frauen in manchen Bereichen der Feuerwehrarbeit nicht besser qualifiziert wären, als Männer und dort nicht entsprechende Spitzenleistungen erbringen könnten.)

Schlussfolgerung: Aus den genannten Gründen ist die Erwartung, das Mitgliederproblem der ländlichen Feuerwehren in der Breite durch die verstärkte Anwerbung von Frauen lösen zu wollen, vermutlich zu hoch gegriffen. Allenfalls kann von den Anstrengungen ein Beitrag zur Entschärfung des Mitgliederproblems erwartet werden. Trotz dieser ernüchternden Aussagen ist aber eine vermehrte Gewinnung von Frauen für das Ehrenamt Feuerwehr und eine verbesserte Integration der Feuerwehr-Frauen wünschenswert und anzustreben.

Hier gibt es noch eine Menge Arbeit zu tun. Der Abschlussbericht des Forschungsprojekts »Mädchen und Frauen bei der Freiwilligen Feuerwehr« stellt folgende, für die Feuerwehr wenig schmeichelhafte Diagnose:

»Frauendiskriminierende Einstellungen sind [...] keine Seltenheit und erschweren das Leben der Feuerwehrfrauen oft mehr, als sie nach außen zugeben möchten. Frauenwitze und andere, manchmal entwürdigende Äußerungen selbst in öffentlichen Situationen sind nach Erfahrungen der befragten Expertinnen auch bei Führungspersonen bis in die Vorstandsspitzen hinein nicht unüblich [...]. Gerade eine Organisation, die – wie die Feuerwehr – auf dem freiwilligen Engagement ihrer Mitglieder beruht, kann es sich in ihrem eigenen Interesse nicht leisten, die Personen, die sie für sich gewinnen will, lächerlich zu machen oder herabzusetzen. So werden neue Mitglieder nicht gewonnen und selbst langjährige Mitglieder leichtfertig entmutigt und demotiviert.«

5.3 Dreckige Witze und tolle Kalender – Geschlechterkonflikte

Zu betonen ist, dass dieser Bericht nicht nur auf der Grundlage eines Einblicks von außen, sondern auf der Basis der Befragung von Feuerwehr-Frauen entstanden ist. Es gibt hier also eine Menge zu verändern. Unabhängig davon, wie erfolgreich die Forderungen und Vorschläge zur besseren Einbindung der Frauen sein werden – die beschriebenen Missstände müssen in jedem Fall beseitigt werden und der Vergangenheit angehören. Dann kann ein Teil der Personalnot möglicherweise durch weibliche Wehrmitglieder gelindert werden, die aber nicht als Lückenbüßer, sondern als gleichwertige Feuerwehrkameradinnen ihre Frau stehen. Die angeführte Studie und das zugehörige Praxisprojekt stammen bereits aus dem Jahr 2008. Demnach kann man hoffen, dass sich inzwischen hier und dort auf diesem Feld einiges zum Positiven gewandelt hat.

Meiner Erfahrung nach werden die thematisch »heißen Eisen« in Feuerwehr und Rettungsdienst viel zu zaghaft angefasst. Dazu gehört ohne Zweifel auch das Thema dieses Kapitels. Ihre Aufgabe könnte darin bestehen, diesen Umstand zu ändern und vielleicht im Rahmen einer Dienstversammlung unter Führungskräften, einer Vorstandssitzung oder Wehrführerberatung dieses Problem zu thematisieren.

1. Vielleicht kann einleitend ein älteres, erfahreneres Feuerwehrmitglied eine Einführung geben (zehn bis zwanzig Minuten), welche Rolle Frauen im Feuerwehrwesen der Region in den letzten Jahrzehnten (oder seit der Nachkriegszeit) gespielt haben. Schon dies würde für einige Aha-Effekte sorgen.
2. Beackern Sie anschließend in einer Gruppenarbeit folgende Fragestellungen: Wie wird in unseren Feuerwehren heute mit Frauen umgegangen? Könnten Frauen unser Personalproblem entschärfen? Wie können wir die Feuerwehr für Frauen attraktiver machen? Was muss sich in unseren Köpfen und in den Gerätehäusern ändern, um dieses Ziel zu erreichen?
3. Wenn Sie zu einem positiven Ergebnis gekommen sind, halten Sie das Ganze im Protokoll fest. Benutzen Sie den Dreischritt von »Werten – Zielen – Schritten« aus Kapitel 1.2. Prüfen Sie nach einem selbst gewählten Zeitraum nach, was Sie erreicht haben.

Ein erster Schritt in die richtige Richtung könnte sein, im Gerätehaus die mehr oder weniger niveauvollen Kalender mit »Feuerwehrfrauen« abzuhängen, die in den letzten Jahren aufgekommen sind. Ob Sie wollen oder nicht: Mit diesen Kalendern vermitteln Sie v. a. den Besuchern Ihrer Feuerwehr eine Botschaft. Sie müssen die Kalender nicht wegwerfen. Vielleicht möchte ein bedürftiger Kamerad die Kalender

5 Außenseiter und Sonderfälle

mit nach Hause nehmen und im heimischen Schlafzimmer aufhängen. Dort kann er sich ganz privat an den mit Brandruß verschmierten, schlauchumwickelten Schönheiten erfreuen, die von Rügen bis zum Bodensee ihre Ausrüstungsdefizite mehr oder weniger geschmackvoll zu Markte tragen.

5.4 Die Welt geht unter! – Führen unter Extrembedingungen

Je seltener Ihre Einsätze, desto höher Ihr Adrenalinspiegel. Anders herum: Routine und Erfahrung bauen Stress ab. Aber auch, wenn Sie täglich oder wöchentlich ausrücken, erleben Sie Stress und die aktuellen Probleme in Feuerwehr und Rettungsdienst (Stichwort Tageseinsatzbereitschaft, Rechtssicherheit usw.) im Hintergrund können Ihnen den letzten Nerv rauben. In dieser Einheit bekommen Sie einige praxiserprobte Tipps und Hilfsmittel an die Hand, wie Sie in schwierigen Einsatzsituationen souverän und selbstsicher Ihre Mannschaft führen können. Auch wenn Sie als Rettungsdienstler gewöhnlich nur mit ein bis zwei Fahrzeugen an der Einsatzstelle sind, können Sie dieser Einheit etwas Sinnvolles abgewinnen.

Geschäftige Torheit ist der Charakter unserer Gattung.
Immanuel Kant

Das Ziel des Krieges ist der Friede und das der Geschäftigkeit die Muße.
Aristoteles

Ein jegliches hat seine Zeit, und alles Vorhaben unter dem Himmel hat seine Stunde.
Die Bibel, Prediger 3,1 (Luther 2017)

Der letzte Einsatz mit seiner Freiwilligen Feuerwehr hatte ihm den Rest gegeben. An die Alarmzeit konnte er sich nicht mehr erinnern; vormittags irgendwann. Er wusste nur, dass er beim Alarm gerade zuhause mit dem Radwechsel an seinem Auto beschäftigt war. Zum Glück waren gerade vier Räder am Wagen, als die Sirene losheulte. Das Feuer war inzwischen aus und der vermeintliche Wohnungsbrand eigentlich kein großes Ding. Eigentlich. Aus Sicht seiner Kameraden war alles bestens gelaufen. Er war sich da nicht so sicher. Es fing schon damit an, dass kein Maschinist unter den am Gerätehaus eintreffenden Kameraden war. Erst als das Löschfahrzeug mit einer Staffel besetzt war, erschien endlich einer. Mehr Leute sollten es dann nicht werden. Das nächste Problem: Die Alarmadresse stimmte nicht; man musste auf der schmalen Hauptstraße wenden. Und es fehlten Atemschutz-Geräteträger; das hieß: kein Sicherheitstrupp. Während der Lageerkundung hatte er mit der Nachalarmierung zu tun, die Nachbarwehren mussten eingewiesen werden (es gab eine unbekannte Straßensperrung) und zu allem Überfluss hatte der Akku des tragbaren Funkgeräts seinen Geist aufgegeben. Drei Nachbarfeuerwehren waren im Anrücken, mit den gleichen Problemen wie seine eigene Wehr: Unterbesetzt, kaum Geräteträger, falsche Anfahrt. Unter diesen Bedingungen versagte die Führungsorganisation, die sonst einigermaßen eingespielt war. Stress pur. Als Einsatzleiter musste er seine Einheit führen und die anderen Wehren dazu. Zum Glück wurde niemand im Gebäude vermisst. Was wäre gewesen, wenn doch?

Solche und ähnliche Probleme sind den meisten deutschen Freiwilligen Feuerwehren nicht unbekannt. Nicht nur im ländlichen Raum, auch in größeren Städten mit mehreren zehntausend Einwohnern kann so etwas vorkommen. Die Einsatzkräfte sind von diesen Widrigkeiten weniger betroffen, als die Führungskräfte. Für die Gruppen- und Zugführer bedeutet das puren Stress. Den Einsatz zu bewältigen und dabei die Grundsätze der Dienst- und Unfallverhütungsvorschriften einzuhalten, wird zur ultimativen Zerreißprobe für die eigenen Nerven.

Dabei ist Stress an sich zuerst einmal nichts Negatives; es gibt positiven Stress, der uns antreibt und zu Hochleistungen befähigt. Negativ wird Stress immer dann, wenn die Belastung zu hoch wird, wenn meine Tagesform nicht stimmt und wenn der Stress nicht mehr abgebaut werden kann. Wichtig in diesem Zusammenhang ist, dass vielen Menschen heute die Wahrnehmung für ihren Stresslevel abhanden gekommen ist, weil wir dauernd »unter Strom« stehen. Wir stressen uns gegenseitig, machen uns Stress selbst, d. h. wir belasten uns beruflich und privat und dann auch im Ehrenamt. Das ist eine Ursache für das Phänomen »Burnout« (siehe folgendes Kapitel 5.5).

Es lohnt sich jedenfalls, dieses Thema etwas zu vertiefen, sich selbst besser kennenzulernen und dem Stress auf Dauer vorzubeugen. Vielleicht laden Sie sich zum Feuerwehrdienst einmal einen bekannten Rettungsassistenten oder Notarzt ein, der die körperlichen Zusammenhänge bei einer Stressreaktion erläutert und aus medizinischer Sicht einiges zum Thema zu sagen hat.

Welche Ratschläge kann man aber in Bezug auf Einsatzstress und in aller Kürze geben; welche Grundsätze helfen einem in solch einer Einsatzsituation wirklich weiter? Einige habe ich zusammengefasst. Sie können beim Lesen der folgenden Punkte gedanklich Ihren letzten außergewöhnlichen Einsatz noch einmal durchgehen und sich beim jeden Punkt fragen, ob Sie daraus noch etwas lernen können. Wenn Sie möchten, nutzen Sie einmal einen Schulungsabend für diese Problematik.

In der Einleitung des Kapitels wurde ein konkretes Beispiel geschildert. Sicher haben Sie Ähnliches erlebt. Stellen Sie also vor Ihr geistiges Auge den letzten Einsatz, der für Sie mit extremem Stress verbunden war und prüfen Sie, ob Sie mit den nachfolgenden Praxistipps etwas anfangen können:

5.4 Die Welt geht unter! – Führen unter Extrembedingungen

- Zunächst ist eine solche Einsatzsituation (wie im obigen Beispiel) nicht der Platz für Ursachenforschung und Schuldzuweisungen. Wer aus welchem Grund nicht erschienen ist, wer woher kam und wie drauf war und wo die Ursachen dafür liegen, muss vorerst gänzlich ausgeblendet werden. Das tun Sie meist ganz automatisch. Sie müssen in der konkreten Situation mit dem leben, was Sie haben. Punkt.
- Geht es um eine Menschenrettung, kann von den ansonsten heiligen Grundsätzen der Unfallverhütung abgewichen werden. Wenn Sie beim besten Willen keinen Sicherheitstrupp stellen können, können Sie keinen stellen. Wenn es »nur« um den Schutz von Sachwerten geht, sieht das natürlich anders aus.
- Die bewährten Führungsgrundsätze der Dienstvorschriften dürfen unter keinen Umständen aufgeweicht werden. Was wie eine Binsenweisheit klingt, ist durchaus nicht immer selbstverständlich: Es gibt immer einen Einsatzleiter und es gibt immer nur einen Einsatzleiter. Jede Führungskraft hat Unterstellte und alle Unterstellten haben eine Führungskraft. Falls Sie Einsatzleiter sind oder werden, bestimmen Sie für Ihre eigene Einheit einen anderen als Führungskraft und geben Sie die Verantwortung für Ihre Einheit an diesen ab.
- Machen Sie sich selber klar und wissen Sie jederzeit, in welcher Funktion Sie an der Einsatzstelle aufschlagen bzw. in welche Rolle Sie wechseln und richten Sie Ihre Tätigkeiten danach aus. Wenn Sie die Zeit haben, können Sie andere unterstützen. Wenn nicht, lassen Sie es sein.
- Wenn Sie merken, dass der Einsatz größer wird und Sie selbst überfordert sind oder bald sein werden, fordern Sie mutig und großzügig Führungsunterstützung an. So bekommen Sie Kopf und Hände frei zum Denken. Keine falsche Scheu – Sie sind nicht John Wayne und die Einsatzstelle kein Westernfilm, in dem Sie alleine klarkommen müssen.
- Hören Sie als Einsatzleiter auf, sich um Details zu kümmern, auch wenn das sonst Ihre Art ist und Sie das gerne tun möchten. Ausnahme: Das Detail ist »kriegsentscheidend«. Zoomen Sie heraus; suchen Sie sich einen »Feldherrenhügel« und verschaffen Sie sich einen Überblick. Das kann ein erhöhter Platz sein, von dem Sie die Einsatzstelle einsehen können. Bei Einsatzauswertungen kann man regelmäßig staunen, wie jede Einsatzkraft nur eine sehr eingeschränkte Wahrnehmung hat (Tunnelblick). Ein »Feldherrenhügel« mit etwas Abstand für den Einsatzleiter kann hier helfen.

5 Außenseiter und Sonderfälle

- Beherzigen Sie den Grundsatz, dass jede Führungskraft drei, höchstens fünf Einheiten führen kann. Andernfalls verlieren Sie den Überblick. Das ist eine Regel ohne Ausnahme; diese Größenordnung liegt in unserer Hirnstruktur begründet. Wenn nötig, fassen Sie Einheiten zusammen und unterstellen Sie z. B. ein unterbesetztes Löschfahrzeug einer anderen Feuerwehr oder eine Drehleiter dem Gruppenführer eines Löschfahrzeugs.
- Halten Sie auch im Einsatz den Dienstweg für Befehle und Rückmeldungen ein. Dulden Sie niemals, dass selbsternannte Führungskräfte über den Kopf des Einsatzleiters hinweg fremde Einheiten abziehen und verheizen. Keine Einheit darf verloren gehen oder »freischaffend« an der Einsatzstelle tätig sein.
- Seien Sie vorsichtig und zurückhaltend mit Neuerungen, z. B. der sogenannten »Zentralen Atemschutz-Einsatzführung«. Arbeiten Sie nur mit solchen Taktiken, wenn wirklich allen Beteiligten klar ist, was das für jede einzelne Einheit bedeutet und wenn vorher damit geübt worden ist.
- Ignorieren Sie eventuelle Befindlichkeiten in Ihren eigenen Reihen und bei betroffenen Bürgern. Dafür haben Sie unter den gegebenen Umständen keine Zeit. Konzentrieren Sie sich auf die Sache. Streitigkeiten und persönliche Anliegen können nach dem Einsatz ausdiskutiert werden. Wenn jemand Ärger macht, stellen Sie ihn beiseite oder stellen Sie ihm jemanden an die Seite.
- Lassen Sie sich von Ihrer Mannschaft oder einem Kameraden Ihres Vertrauens bei Gelegenheit sagen (und achten Sie einmal selbst darauf), wie Sie auf andere wirken. Sind Sie selbst hektisch, wird sich Ihre Hektik auf andere übertragen. Bleiben Sie selbst ruhig, behalten auch Ihre Leute die Ruhe bzw. gewinnen sie zurück. Die Ruhe zu bewahren, ist überhaupt eine Kernaufgabe für Sie als Führungskraft. Wind machen sollte besser nur der Überdruck-Lüfter. Werden Sie hektisch, verändert sich Ihre Wahrnehmung und Sie machen automatisch Fehler. Überlegen Sie sich gut, ob Sie an der Einsatzstelle rennen müssen und ob Sie die Lageerkundung richtig durchgeführt haben.
- Sie können sich Zeit für eine ordentliche Lageerkundung verschaffen, indem Sie Vorbefehle erteilen. Andernfalls kann es Ihnen passieren, dass Ihre Leute Sie vor vollendete Tatsachen stellen, wenn Sie von der Lageerkundung zurückkommen. Legen Sie bei der Festlegung der Einsatzmaßnahmen besonderen Wert auf die Fahrzeugaufstellung, denn die kann später nur mit großem Aufwand korrigiert werden.

5.4 Die Welt geht unter! – Führen unter Extrembedingungen

Zuletzt ein Hinweis zur Vorbeugung: Nach dem Einsatz ist vor dem Einsatz. Warum nicht einmal in einer Planübung einen Einsatz unter den Bedingungen aus dem Beispiel vom Kapitelanfang durchspielen? Sie brauchen dazu nicht unbedingt eine Planspielplatte. Einsatznachbesprechungen sind überhaupt eine hervorragende Ausbildungsmethode, weil die meisten Teilnehmer einen Bezug zur Situation haben und weil man nicht lange erklären muss, aus welchem Grund man sich eigentlich mit der Thematik beschäftigt. Zunächst können Sie ganz zwanglos für sich selbst eine Nachbesprechung Ihres letzten schwierigeren Einsatzes organisieren. Sie brauchen lediglich ein ruhiges Plätzchen und ein Getränk Ihrer Wahl. Mit den neu gewonnenen Erkenntnissen, die Sie auf einem Zettel notieren können, haben Sie anschließend genug Stoff für einen spannenden Schulungsabend. Ein wenig Selbstkritik wird Ihnen dabei nicht schaden. Probieren Sie es aus!

5 Außenseiter und Sonderfälle

5.5 Eingesetzt und ausgebrannt – Vermeidung von Burnout

Die so genannte Burnout-Erkrankung wird auch als »Krankheit der Tüchtigen« bezeichnet. Die Zahl der Betroffenen steigt. Viele Leistungsträger aus Rettungsdienst und Feuerwehr gehören dazu. Wer perfektionistisch veranlagt ist, gerne hilft und Verantwortung übernimmt, ist erheblich mehr gefährdet, als die Faulen und Trägen in unseren Reihen. Lassen Sie sich in dieser Einheit für die Problematik sensibilisieren, erkennen Sie Warnsignale Ihres Körpers und ziehen Sie die Notbremse, bevor es zu spät ist.

Das Lächerlichste vom Lächerlichen auf dieser Welt sind mir die Leute, die es eilig haben, die nicht schnell genug essen und arbeiten können. Was richten sie aus, diese ewig Hastenden? Ergeht es ihnen nicht wie jener Frau, die aus ihrem brennenden Haus in der Verwirrung die Feuerzange rettete?
Søren Kierkegaard

In der einen Hälfte unseres Lebens opfern wir unsere Gesundheit, um Geld zu erwerben. In der anderen Hälfte opfern wir Geld, um die Gesundheit wiederzuerlangen.
Voltaire

Er verstand die Welt nicht mehr. Früher war er doch leistungsfähiger gewesen. Für den Rettungsdienst hätte er alles getan. (Eigentlich hatte er alles getan.) Jetzt fand er sich selbst im Krankenhausbett wieder – auf der psychiatrischen Station! Oft genug hatte er mit dem Rettungswagen Patienten hierher gebracht. Kein Gedanke, dass jemals die »Rollen« vertauscht sein würden. Irgendwie peinlich, weil man sich kannte. Die Schwestern waren alle sehr zuvorkommend. Sein Beruf als Rettungsassistent, der ganze Idealismus kamen ihm nun sinnlos vor. Seine Familie stand hilflos um das Bett; er starrte leer an die weiße Decke. Die mitgebrachten Blumen würdigte er keines Blickes, Blumen hatte er noch nie gemocht. Angefangen hatte das ganze Drama damit, dass er sich als selbst zu sehr unter Druck setzte und für die Arbeit eigene Bedürfnisse zu sehr vernachlässigte. So sagte jedenfalls sein Arzt – Blödsinn, wie er selbst fand. Arbeit hatte er mit nach Hause genommen auf einem USB-Stick und die Nächte daran gesessen, Probleme mit Vorgesetzten konnte er noch nie auf der Wache hinter sich lassen – wer kann das überhaupt? Konflikte hätte er verdrängt – welche denn? Zurückgezogen hatte er sich, am liebsten wollte er alles hinschmeißen. Aber die Kollegen brauchten ihn,

5.5 Eingesetzt und ausgebrannt – Vermeidung von Burnout

sie konnten am wenigsten für die Missstände und er hatte einen Ruf zu verlieren. Wenn er die Arbeit nicht machte, blieb sie liegen. Damit konnte er sich schwer abfinden. Dass er über die Jahre immer gereizter reagierte, störte die Kollegen wenig, aber seine Frau und seine Tochter litten darunter. Was seiner Frau am meisten Sorgen machte: Er war nicht mehr der Alte, seine Persönlichkeit schien sich zu verändern. Früher hatte sie seine mitreißende Art und seine Begeisterungsfähigkeit geschätzt, seinen trockenen Humor geliebt und gerade diese Eigenschaften waren aber einer furchtbaren inneren Leere gewichen. Der zuständige Psychiater schaute über den Brillenrand und stellte eine nüchterne Diagnose: Tiefsitzende Erschöpfungs-Depression.

Falls Sie die Geschichte nachvollziehen und nachfühlen können, möchte ich Ihnen ein Kompliment machen: Sie gehören wahrscheinlich zu den Tüchtigen, Fleißigen und Gewissenhaften im Lande. Die Ignoranten, Drückeberger und Faulpelze in unseren Organisationen laufen kaum Gefahr, an Burnout zu erkranken. Sicher beobachten Sie wie ich eine erschreckende Zunahme entsprechender Erkrankungen in Ihrem Bekanntenkreis, und das nicht nur in »anspruchsvolleren« Berufen. Dieses Kapitel kann sich nicht mit genauen Krankheitsabläufen und anderen medizinischen Zusammenhängen beschäftigen, sondern will lediglich ein paar konkrete Tipps zur Krankheitsvermeidung beisteuern:

- Achten Sie bei sich selbst und bei anderen auf Warnsignale: Körperliche Signale können z. B. Magen-Darm-Beschwerden, chronische Kopfschmerzen oder zunehmende Erschöpfung/Mattigkeit/Abgeschlagenheit ohne erkennbare Auslöser sein. Kognitive Anzeichen für ein drohendes Burnout sind z. B. Konzentrationsstörungen, Gedächtnislücken oder Fluchtphantasien. Zu den sozialen Warnsignalen zählen z. B. Eheprobleme, (unnatürliche) Abneigung gegenüber der Arbeit, vermehrter Alkoholkonsum. Emotionale Warnzeichen können z. B. Versagensängste, verstärkte Reizbarkeit oder das Gefühl einer inneren Leere sein.
- Warnzeichen heißen so, weil sie vor etwas warnen! Wenn Sie diese Anzeichen also bemerken, treten Sie auf die Bremse! Nehmen Sie keine neuen Aufgaben mehr an, geben Sie andere Aufgaben (zeitweilig) ab, delegieren Sie großzügig (vgl. Kapitel 3.3). Suchen Sie das Gespräch mit einem Vorgesetzten oder dem betrieblichen Gesundheitsmanagement. Nehmen Sie eine Auszeit, bevor es zu spät ist und Sie vor dem Scherbenhaufen Ihres Lebens stehen. Auch wenn Sie es nicht glauben wollen: Jeder ist ersetzbar und Sie werden die Welt nicht retten. Und wenn Sie die Welt schon retten wollen, müssen Sie selber dafür fit sein.

- Lernen Sie »Nein« zu sagen. Das wird Ihnen mehr helfen, als alle Sprachen der Welt zu beherrschen. Hier ein hilfreiches Experiment: Sagen Sie zu allem, was Ihnen über den Tag angetragen wird, zuerst einmal »Nein«. (Ausgenommen sind natürlich Einsätze.) Wichtiges Detail: Kommentieren Sie ihr »Nein« nicht und geben Sie keine Erklärungen ab! Lassen Sie Ihr Gegenüber nachfragen; inzwischen können Sie sich überlegen, warum ein »Ja« momentan nicht in Frage kommt. Oder vertagen Sie spontane Zusagen ganz grundsätzlich und geben Sie die Standardantwort: »Danke für Deine Anfrage. Bitte gib mir bis morgen Zeit, darüber nachzudenken. Ich werde schauen, ob es reinpasst und komme wieder auf Dich zu.«
- Gehen Sie der Sache auf den Grund und denken Sie über sich selbst nach. Das können Sie nur, wenn Sie sich Zeit dafür nehmen. Was treibt Sie eigentlich an? Warum greift man immer so gerne auf Sie zurück? Helfen Sie anderen wirklich mit Ihrer Einsatzbereitschaft? Welche Dinge sind wirklich den vollen Einsatz wert? Wer und was leidet unter Ihrer Arbeitswut?

Die gute Nachricht wiederum zum Schluss: Sie können den Absprung schaffen und in einer frühen Phase auch ohne fremde Hilfe ein Burnout überwinden. Auf jeden Fall können Sie vorbeugen. Beschäftigen Sie sich mit alten Lebensweisheiten. Ihnen darf man zum Beispiel einmal ausdrücklich sagen, was den Faulpelzen im Lande in die Wiege gelegt ist: »Morgen ist auch noch ein Tag; manche Probleme lösen sich von ganz allein; Arbeit muss auch mal liegen bleiben können. Alles hat seine Zeit.«

Im Internet können Sie mit Hilfe von kostenlosen Tests herausfinden, ob bei Ihnen eine Gefährdung in Bezug auf eine Burnout-Erkrankung vorliegt. Zu beachten gilt, dass diese Tests nur eine Orientierung sein können und diese niemals eine ärztliche Beratung ersetzen können. Auf eine konkrete Empfehlung soll hier verzichtet werden.

Zudem können die folgenden praktischen Vorsätze Sie dabei unterstützen, gar nicht erst in die Situation eines Burnouts zu kommen:

Was kann ich gegen ein Burnout bei mir und anderen tun?
- Abstellung negativer Lebensumstände
  - Überengagement zurückfahren
  - Isolation vermeiden (Burnout-Betroffene sind oft Einzelgänger)
  - Sportliche und freizeitliche Aktivitäten verstärken (ohne Leistungsdruck!)

5.5 Eingesetzt und ausgebrannt – Vermeidung von Burnout

- Die Trennung von Arbeit bzw. Ehrenamt und Privatleben verstärken
  - Zeitweises das Telefon abstellen oder ignorieren
  - Internet-Nutzung einschränken
  - Ausreichend schlafen
- Gebrauch des Wortes NEIN
  - Lernen Sie die regelmäßige Verwendung dieses Wortes
  - Aufgaben delegieren (auch privat)
  - Kreative Pausen einlegen, Zeit für Muße nehmen
- Die Ernährungsgewohnheiten in Frage stellen
  - Nicht übermäßig und unausgewogen essen
  - Ausreichend trinken (Wasser)
  - Unverträglichkeiten beachten
- Drastische Reduzierung der Genussmittel
  - Kaffeemenge verringern
  - Nikotinmenge reduzieren
  - Alkoholmenge reduzieren

Achten Sie in Ihrem Leben auf drei wichtige Dinge bzw. Säulen: Ihre Ernährung, Ihre Entspannung und Ihre Bewegung. Jedes dieser Felder hat entscheidenden Einfluss auf Ihre körperliche und seelische Gesundheit. Und alle drei Felder stehen im Zusammenhang. Bedenken Sie, dass vieles, was Ihnen die Gesellschaft (einschließlich der Werbung) vormacht, krank macht und Sie Abstand brauchen, um nicht krank zu werden. Also: Hab Acht auf dich selbst!

6 Die Latte liegt hoch – Schlusswort

Hörst du, dass sich ein Berg bewegt, so glaube es. Hörst du, jemand habe seinen Charakter geändert, so glaube es nicht.
Arabische Weisheit

Persönlichkeiten, nicht Prinzipien, bringen die Zeit in Bewegung.
Oscar Wilde

Was ich nicht wissen kann: Wie geht es Ihnen nach dem Lesen dieses Buches oder einzelner Kapitel? Haben Sie etwas gelernt? Habe ich Sie beruhigt oder beunruhigt? Haben Sie ein paar gute Vorsätze gefasst?

Was ich vorhersagen kann: Wenn Sie die behandelten Themen nicht zu Ihrem ganz eigenen Dauerthema machen, sind die guten Vorsätze nach einer Woche vergessen. Bitte setzen Sie sich aber nicht unter Druck, sondern gehen Sie das Ganze entspannt an.

Was ich Ihnen voraussagen kann: Die Anforderungen an und der Druck auf Führungskräfte werden in Zukunft noch weiter ansteigen. Ihr Führungsvorsprung durch Wissen und Status wird weiter zusammenschmelzen.

Was das für Sie bedeutet: Ihren Vorsprung in Sachen Charakter, sozialer und emotionaler Kompetenz müssen Sie ausbauen, wenn Sie erfolgreich werden oder bleiben wollen. Gesucht werden außergewöhnliche Persönlichkeiten, die mit Werten führen, die gerne auch die althergebrachten sein können.

Was Ihnen passieren kann: Wenn Sie alle Tipps dieses Buches berücksichtigen und umsetzen, so allerhand. Keinesfalls sollten Sie mit Beifall rechnen, sondern vielmehr auf Schwierigkeiten, Auseinandersetzungen und sogar Kämpfe gefasst sein. Nehmen Sie das als Zeichen dafür, dass Sie auf dem richtigen Weg sind.

Was ich Ihnen und mir wünsche: Dass wir uns auch zukünftig in Feuerwehren und Hilfsorganisationen wiederfinden, in denen sich noch Begeisterung für die Sache entfachen kann, in denen Berufsehre und Kameradschaft noch etwas zählen und die dadurch besser für den Bürger in Not zur Stelle sein können, als es eine Firma jemals können wird.

Ich wünsche Ihnen außerdem, dass Sie sich bei Ihrem Eintritt in den Ruhestand bzw. am Ende Ihrer beruflichen Laufbahn sicher sein können, das Beste versucht und das Möglichste getan zu haben. Dass sich jemand an Sie erinnert, dass Ihnen jemand nachtrauert und Ihnen der Abschied schwerfällt. Dass es Ihnen ergeht, wie wenn die Stimme Ihres Navigationsgeräts im Auto Ihnen bestätigt: »Sie haben ihr Ziel erreicht.«

Literatur- und Quellenverzeichnis

Akron: City of Akron; Fire Department, 2007 Annual report, [Online] abrufbar unter: https://www.akronohio.gov/cms/resource_library/files/b55 b75 e259 a9a5eb/fire2007annualreport.pdf, letzter Zugriff: 04.12.2018.

Backhaus, Arno: Lache, und die Welt lacht mit dir. Schnarche, und du schläfst allein, Brendow Verlag, 1997.

Bonhoeffer, Dietrich: Widerstand und Ergebung. Briefe und Aufzeichnungen aus der Haft, hrsg. von E. Bethge. TB Siebenstern. Gütersloh 1985.

Böll, Heinrich: Anekdote zur Senkung der Arbeitsmoral. In: Welt der Arbeit, 22. November 1963.

Buchanan, Edward W.: Volunteer Training Officers Handbook, PennWell Corporation, 2003.

Bundesministerium der Verteidigung: A-2600/1, überführte ZDv 10/1, Innere Führung – Selbstverständnis und Führungskultur der Bundeswehr, Anlage 1 – Leitsätze für Vorgesetzte, 28.01.2008.

Deutscher Feuerwehr Verband (DFV): Aktuellste Statistische Daten (Stand 31.12.2018), [Online] abrufbar unter: https://www.feuerwehrverband.de/presse/statistik/#:~:text=2018%20(2017)%20gab%20es%20in,und%20771%20(770)%20Werkfeuerwehren.&text=Am%2031.,in%20den%20Freiwilligen%20Feuerwehren%20aktiv., letzter Zugriff: 09.06.2021.

Gasaway, Richard B.: Understanding Fireground Command. Making Decisions Under Stress. In: Fire Engineering, 07/2010.

Gris, Richard: Die Weiterbildungslüge: Warum Seminare und Trainings Kapital vernichten und Karrieren knicken, Campus Verlag, 2008.

Kramp, Bernd; Nydegger, Daniel: Ethik in der Feuerwehr, Kohlhammer-Verlag, (Rotes Heft, Band 100), 2015.

Müller, Jens: Zukunft der Feuerwehr im ländlichen Raum, Auswirkungen von aktuellen Megatrends auf ländliche Freiwillige Feuerwehren, Selbstverlag, 2009.

Peter, Laurence J.; Hull, Raymond: Das Peter-Prinzip, Rowohlt Verlag, 1972.

Poppenhusen, Margot; Wetterer, Angelika (Hrsg.: Bundesministerium für Familie, Senioren, Frauen und Jugend): Mädchen & Frauen bei der Feuerwehr. Empirische Ergebnisse – praktische Maßnahmen, Nomos Verlagl, 2008. [Online] abrufbar unter: https://www.bmfsfj.de/bmfsfj/service/publikationen/maedchen-und-frauen-bei-der-feuerwehr/95752, letzter Zugriff: 30.10.2018.

Pulm, Markus: »Keeping the wheels in motion« – eine Herausforderung an die Feuerwehr. In: BRANDSchutz/Deutsche Feuerwehr-Zeitung 05/2008.

Schaar, Peter: Das Ende der Privatsphäre. Der Weg in die Überwachungsgesellschaft, Verlag C. Bertelsmann, 2007.

Smith, Gregory T.: Identifying the Knowledge and Skills Needed for Successfull Critical Thinking and Decision Making on the Fire Ground, Cedar Rapids, 2012. [Online] abrufbar unter https://www.hsdl.org/?abstract&did=728516, letzter Zugriff 01.11.2018.

Spurgeon, Charles H.: Guter Rat für allerlei Leute. Reden hinterm Pflug, CLV-Verlag, 2018.

Zweckverband Studieninstitut für kommunale Verwaltung Südsachsen (SKVS): Aus- und Fortbildungsprogramm 2008, Mugler Verlags- und Vertriebsgesellschaft. [Online] abrufbar unter https://www.skvs-sachsen.de/pdf/prozess9.pdf, letzter Zugriff 01.11.2018.

Stichwortverzeichnis

A
80-20-Regel 29
Alkoholprobleme 111
Auszeichnung 33, 68, 81, 84

B
Bedürfnispyramide (Maslow) 69
Beruf 22, 27 f., 32, 34, 38, 40, 49, 63, 66, 69, 75, 110, 114
Berufsethik 18, 97
Berufsfeuerwehr 18, 60, 67, 81 f., 97
Blaues Kreuz 113

C
Charakter 23, 44 f., 50, 54, 64, 82, 103, 124, 126, 146
– Charakterbildung 126

D
Delegieren 50, 76, 145

E
Ehrenamt 27 f., 32, 34, 38, 40, 45, 47, 49, 66–69, 75, 80, 83, 89, 97, 110, 114, 117, 124–126, 132
Eisenhower-Prinzip 29, 31
Ethik 21 f., 126, 130

F
Fehler 31, 45, 53, 63, 68, 84
Fehlerkultur 33
Feuerwehr Dienstvorschrift 100 (FwDV 100) 52, 89 f.
Finanzierung 82
Frauenanteil (in der Feuerwehr) 33, 133
Freiwillige Feuerwehr 17, 33, 69, 77, 81, 85, 87, 97, 113, 120, 123, 126, 133
Führung 9, 12, 34, 45, 83
– Führungsfunktion 35
– Führungsfunktionen 37
– Führungskompetenz 77
– Führungsmodell 88
– Führungsstil 10, 12, 52, 100, 114
– Innere Führung 51

G
Generationen 16, 128 f.

H
Herausforderung 45, 62, 64
Hierarchie 34, 46, 48, 106, 134

I
Information 63, 93, 99, 120

K
Karriere 40 f.
Kommerzialisierung 17
Kommunikation 27, 93, 100, 109, 120
Konflikt 27, 45, 68, 81, 129
– Konfliktlösung 50, 54

L
Leitbild 102–104
Lob 71–73

M
Methodenkompetenz 5, 50
Moral 21 f., 126, 130
Motivation 22, 24, 66–68, 71, 85, 100

P
Personalentwicklung 46, 80 f.
Persönlichkeit 9, 44, 49, 58, 107, 146
– Persönlichkeitsfehler 41, 54
Peter-Prinzip 34 f.
Praxis 26, 64, 72, 75, 79, 85–87, 98, 104, 118, 138

S
Selbstführung 25 f.
SMART-Modell 24
Soziale Kompetenz 35, 54, 64
Soziale Netzwerke 99, 125, 127
Strategieplanung 33
Stress 62, 90, 103, 137 f.

T
Tadel 71–73
Typenlehre 57 f., 61

V
Verwaltung 31, 35, 50, 81, 94 f., 98, 115 f., 118
Vorbild 9, 48–50, 104, 126
VUCA-Umgebungen 65

149

Stichwortverzeichnis

W
Werte 21–24, 41, 92 f., 97 f., 103, 126, 146

Z
Zentrale Dienstvorschrift (Bundeswehr) (ZDv 10/1) 51

Kals/Thiel/Freund

Handbuch zur Konfliktlösung im Ehrenamt

2019. 148 Seiten. Kart. € 26,–
ISBN 978-3-17-035443-2

Konflikte in Freiwilligenorganisationen bringen besondere Herausforderungen mit sich, zumal die meisten Mitglieder ehrenamtlich tätig sind. Ein zielführendes und alltagstaugliches Konfliktmanagement ist somit von besonders großer Bedeutung. Daher beschreiben die Autorinnen die Entstehung, den Verlauf und die Eskalation von Konflikten in diesen Organisationen. Auf dieser Grundlage wird aufgezeigt, wie Konflikte im Ehrenamt von den Mitgliedern gelöst werden können. Alle Inhalte werden mit zahlreichen Beispielen aus der Praxis der Vielfalt ehrenamtlicher Tätigkeiten illustriert.

Prof. Dr. Elisabeth Kals, Kathrin Thiel und Dr. Susanne Freund arbeiten in der Sozial- und Organisationspsychologie an der Katholischen Universität Eichstätt-Ingolstadt und forschen zu Konflikten, Ehrenamt und Herausforderungen von Organisationen. Aus dieser Forschung heraus ist dieses wissenschaftlich fundierte Praxisbuch entstanden.

Digital-Ausgabe erhältlich in der BRANDSchutz-App und als E-Book.
Leseproben und weitere Informationen:
www.kohlhammer-feuerwehr.de

Bücher für Wissenschaft und Praxis

Bernd Kramp/Daniel Nydegger

Ethik in der Feuerwehr

2015. 96 Seiten. Kart. € 10,99
ISBN 978-3-17-029222-2
Die Roten Hefte Nr. 100

Ethik spielt auch in der Feuerwehr eine wichtige Rolle: bei der Führung von Menschen, beim Umgang mit Hilfesuchenden und Feuerwehrkameraden, beim Vorbereiten und Durchführen von Übungen. Doch von welchen Werten lässt man sich leiten?

Das Rote Heft zeigt konkrete Werte für die Feuerwehr auf, die dazu beitragen, dass eine Feuerwehr gut funktionieren kann. Die Werte sind mit Beispielen aus dem Feuerwehralltag untermauert, um die Anschaulichkeit zu erhöhen.

Dipl.-Ing. (FH) Bernd Kramp ist Brandoberamtsrat bei der Berufsfeuerwehr Karlsruhe und Vorsitzender der Christlichen Feuerwehrvereinigung e. V. Daniel Nydegger ist Pfarrer und Gruppenführer bei einer Freiwilligen Feuerwehr in der Schweiz.

Digital-Ausgabe erhältlich in der BRANDSchutz-App und als E-Book. Leseproben und weitere Informationen:
www.kohlhammer-feuerwehr.de